科学施肥新技术丛书

烟草施肥技术

郝 静 郭 鹏 编著

金盾出版社

内 容 提 要

本书系作者在自身研究的基础上，广泛吸收国内外近年来烟草施肥的先进技术编写而成。内容包括：烟草生产概述，烟草的生物学特性，烟草生长发育对环境条件的要求，烟草的需肥、吸肥特点，烟草的施肥技术，连作烟田的肥力演变规律及施肥对策，优质适产烤烟施肥实例简介。本书内容丰富，文字通俗易懂，技术先进实用，可操作性强。适合烟农、农业技术人员和农业院校师生阅读参考。

图书在版编目(CIP)数据

烟草施肥技术/郝静，郭鹏编著.—北京：金盾出版社，2000.8(2015.5 重印)

（科学施肥新技术丛书/杨先芬等主编）

ISBN 978-7-5082-1260-6

Ⅰ.①烟…　Ⅱ.①郝…②郭…　Ⅲ.①烟草-施肥　Ⅳ.①S572.06

中国版本图书馆 CIP 数据核字(2000)第 26667 号

金盾出版社出版、总发行

北京太平路 5 号(地铁万寿路站往南)

邮政编码：100036　电话：68214039　83219215

传真：68276683　网址：www.jdcbs.cn

封面印刷：北京金盾印刷厂

正文印刷：北京军迪印刷有限责任公司

装订：北京军迪印刷有限责任公司

各地新华书店经销

开本：787×1092 1/32　印张：4　字数：88 千字

2015 年 5 月第 1 版第 9 次印刷

印数：38 001～41 000 册　定价：9.00 元

前　　言

　　科学施肥是提高种植作物产量、品质和降低生产成本的重要因素。目前在作物种植中,盲目施肥、单一施肥、过量施肥等不合理用肥问题较为普遍。比较突出的是重视施用化肥,轻视施用有机肥;重视施用氮肥,轻视施用磷、钾肥和微量元素肥料;氮磷钾大量元素之间、大量元素和微量元素之间比例失调,肥料利用率仅为30％左右。这不仅降低施肥效果,增加生产成本,而且长此下去还会导致土壤退化、酸化和盐渍化,使种植作物大幅度减产,产品品质下降,给生产造成损失。

　　针对种植作物在施肥方面存在的实际问题,为普及施肥知识,做到科学、合理施肥,提高肥料利用率和土地产出率,发展高产、高效、优质农业,实现农业增产、农民增收的发展目标,促进农业和农村经济持续稳定发展及提高中国加入世界贸易组织(WTO)后农产品的竞争实力,我们组织有关专家编写了"科学施肥新技术丛书"。丛书内容包括粮、棉、油、菜、麻、桑、茶、烟、糖、果、药、花等种植作物的科学施肥新技术,共19册。

　　该丛书从作物的生物学特性入手,说明作物生长发育所需要的环境条件,重点说明各种作物对土壤条件的要求,并以作物的需肥、吸肥特点为依据,详细介绍了施肥原理和比较成熟、实用的施肥新技术、新经验、新方法。其内容以常规施肥技术和新技术相结合,以新技术为主;以普及和提高相结合,以提高为主;以理论和实用技术相结合,以实用技术为主,深入浅出,通俗易懂,技术要点简明扼要,便于操作,对指导农民科学施肥,合理施肥,提高施肥技术水平和施肥效果,将会起到积极的作用。同时,也是农业技术推广人员和教学工作者有益的参考书。

"科学施肥新技术丛书"编委会

2000 年 7 月

目 录

概　述

一、烟草的栽培历史

烟草在植物学分类上属于双子叶植物纲管花目茄科烟属。目前已发现的烟属植物有 66 个种,其中多数是野生种。被栽培利用的只有 2 个种,一个是全世界普遍栽培的红花烟草(又称普通烟草),另一个是在亚洲西部一些地区和俄罗斯等地种植的黄花烟草。烟草在中国古书中称淡巴菰、淡肉果、相思草等。由于烟草含有烟碱(尼古丁),对吸食者有生理刺激作用,而产生令人陶醉的效果,烟碱又可以作药用。因此,使烟草广为传播,成为风靡世界的嗜好品。20 世纪前,我国种植的烟草调制方法都是晒制或晾制,故称晒晾烟。而烤烟在我国的栽培历史则较晚,1900 年才首先在台湾引种种植。1910 年在山东威海孟家庄试种 13.3 公顷。1913 年在山东潍县坊子试种成功,并在潍县推广。1915 年在河南襄城县颖桥镇、1917 年在安徽凤阳县刘府镇又先后试种成功。1919 年辽宁凤城县、吉林延吉县也相继种植。在此期间,四川、广东、福建、江西、浙江、湖北等省的晒烟也有较大的发展。1937 年日本军国主义者侵略我国,烟草生产遭到严重破坏,我国各省缺乏卷烟原料,四川、贵州、云南、陕西等省逐渐在 1937~1940 年间相继试种并推广种植烤烟。1948~1950 年福建永定试种烤烟成功。20 世纪 50 年代初,浙江新昌县引进种植香料烟成功。近年来,豫西、鄂西、湘中、陕北、鲁中南以及云南、新疆也相继试种和发展香料烟生产。20 世纪 60 年代中期,鄂西、川东引进种植白肋烟成功,目前已发展成为白肋烟的主产区。

烟草在长期的栽培过程中,由于各地的生态条件和品种性状的差异,用途与栽培措施、调制方法的不同,形成了多种多样的类型,不同类型烟叶的品质特点、外观性状、化学成分、烟气特点等,都有明显差别。分类角度不同,烟草类型的划分也有不同。按植物学分类,栽培烟草主要是红花(普通)烟草,其次是黄花烟草;按烟草制品分类,可分为卷烟、雪茄烟、斗烟、水烟、鼻烟和嚼烟等;按调制方式分类,可分为烤烟、晒烟、晾烟等。我国采用综合分类方式,按烟叶品质特点、生物学性状和栽培调制方法,把烟草划分为烤烟、晒烟、晾烟、白肋烟、香料烟和黄花烟 6 个类型。烤烟的主要特征是植株较大,一般株高 120~150 厘米。单株着叶数 20~30 片,叶形多为椭圆形,厚薄适中。烟叶自下而上成熟,分次采收。烟叶烘烤干后颜色多呈橘黄或柠檬黄色,以中上部的叶片质量最好。烤烟比其他类型的烟叶含糖量较高,蛋白质含量较低,烟碱含量中等。

我国烟草分布相当广泛,几乎全国所有的农业区都有种植。烤烟分布在 22 个省、自治区、直辖市,晒晾烟分布几乎遍及全国所有地区。我国幅员辽阔,地形复杂,自然条件的地带性和地域性差异很大,形成了千差万别的环境,这不仅影响烟草形态特征,而且影响质量风味。在全国 22 个生产烤烟的省、自治区、直辖市中,75% 左右的烤烟生产面积和产量集中在云南、贵州、河南、山东、湖南和四川 6 个主产省,其中烤烟种植面积 40 万公顷以上的只有云南省,20 万公顷以上的有贵州、河南两省,6.6 万公顷以上的有山东、湖南和四川三省。1999年全国烤烟面积为 99 万公顷,总收购量为 165 万吨。山东自种植烤烟以来一直以夏烟为主,由于烟叶成熟期叶斑病危害严重,影响产量和质量,于20世纪60年代末开始改种春烟。为解决烟粮争地的矛盾,曾一度推广粮烟间作,即地瓜与烤烟间作或花生与烤烟间作等。为了提高烟叶品质,自1972年起,山东全省有计划地压缩了不适宜区的烤烟种植面积,发展临沂新烟区,建立了优质烟基地。1987年以后,山东烤烟生产基本实现了"区域化、良种化、规范化"。按照山东省烤烟种植区划,合理调整了生产布局,因地制宜地选用了G140,G28,RG11,RG17,NC82,NC89,K326,K346,K394,中烟90,中烟98,中烟14,红花大金元,云烟85等优质品种,全面实施了"烤烟优质栽培技术规范",使烟叶质量明显提高。

二、吸烟与健康

烟草品质的优劣,最终通过燃烧产生的烟气反映到人们的感觉器官中。迄今为止,烟气中已被鉴定出的化学成分多达3875种,其中1135种是烟叶原有的,2740种是在燃吸过程中新生成。在如此复杂的化学成分中,一部分具有香味或香气,给吸烟者以满意的香吃味,一部分具有生理刺激作用,满足吸食者的生理需要。应该说,烟气中绝大多数化学成分对人体无害。但经研究发现,烟气中也含有小部分对人体有害的化学成分,这样就引发了吸烟与健康的研究。烟气中的总粒相物与烟碱比或焦油与烟碱比是评价吸烟安全性的一个重要指标。在吸收一定烟碱的前提下,总粒相物与烟碱之比越小,则吸收的焦油越少,安全性越大。目前,我国的这一比值为10~100,还比较高,因此,提高烟叶的可用性,是一重要的研究课题。美国、日本等技术发达国家已选育出低焦油烤烟品种。中国农业科学院烟草研究所的黄静勋、王宝华等人研究发现,烟叶焦油生成量与生态环境有关。采用合理的施肥技术,特别是增施钾肥,使烟叶组织疏松,适当降低碳水化合物含量,提高钾含量,可以大幅度地降低烟叶焦油的生成量。随着社会文明的进步,采用农业综合技术为工业生产提供低焦油卷烟原料,将是烟草发展的必由之路。

三、烟草的应用前景

(一) 烟草是多用途的经济作物

烟草的传统利用途径是收获成熟叶片,经过调制(烤、晾、晒)后燃吸、鼻吸、嚼食,利用其中烟碱的刺激作用,达到兴奋的目的。其实这是对烟草的片面认识和利用造成的。据研究表明,烟草的开发利用途径是大有可为的。

烟草除主要含有可利用的烟碱成分外,还含有人类可利用的有机物质,如蛋白质、淀粉、纤维素、糖、氨基酸、维生素等,还有一些其他特殊功效的化合物。特别是在鲜嫩幼苗时期,当烟碱尚未大量合成积聚时,人类可利用烟草创造出大量的营养物质。

新鲜幼嫩的烟叶含水量 $80\%\sim90\%$,干物质的最低收取率为 10%。据美国的试验结果,每公顷收鲜叶 66 吨,其中干物质 6.6 吨,可分离出糖、氨基酸、维生素约 2 吨(30.3%),蛋白质、淀粉、纤维素约 4 吨(60.5%)。提取后的残渣中所含的营养物质,还可与优质苜蓿相媲美,可以作为饲料。

对烟草进行综合利用,产物多样化,经济效益高。综合利用的主要产物有蛋白质、烟纤维、烟碱、色素(叶绿素、胡萝卜素)、类脂(茄尼醇)、酚类(多酚)等,其他可溶性物质如糖、氨基酸等,也可回填烟纤维,制造烟草薄片。

(二) 烟草蛋白质

在烟叶干物质中,蛋白质总的含量约占 40%,并且都是人类需要的优质蛋白质。从提取性质上分为可溶性蛋白质与不溶性蛋白质两部分,各约占干物质的 20%。在可溶性蛋白质中,按提取程序和终产物形态,又可分为组分Ⅰ蛋白质(F-1-P)和组分Ⅱ蛋白质(F-2-P)。F-1-P 为六角形、十二面体结晶,实验室提取纯度大于 99.9%,工业提取纯度大于 96%;F-2-P 为微黄色粉末,实验室提取纯度大于 96%,工业提取纯度大于 90%。

F-1-P 含盐低,氨基酸平衡度高,必需氨基酸的含量均超过 FAO 推荐标准,蛋白质效率(POR)大于酪蛋白。F-1-P 具有很好的食品功能性,其溶解性、吸水吸油性、乳化性、泡沫性、搅打性等,均优于鸡蛋白或大豆蛋白。更为重要的是,F-1-P 本身是一种重要的酶——核酮糖 1,5 二磷酸羧化酶/加氧酶(O-ribulose-1,5 biphosphate carboxylase/oxydase),简称 Rubisco。

Rubisco 完全由氨基酸组成,纯度极高,不含碳水化合物、脂类或无机盐。烟草是唯一的、可以大量提取 Rubisco 的绿色植物。尤为重要的是,从烟草中提取的 Rubisco 经加温煮沸时不凝固,这种特性非常难得,是其他蛋白质所不具备的。

Rubisco 是植物光合作用中固定二氧化碳的关键酶,在动物生化上具有抗氧化作用,在营养和医疗上有很大的应用价值。植物吸收的微量元素,基本上是富集于蛋白质中。在富硒地区种植烟草或在烟叶上喷硒,然后提取烟叶蛋白质,可获得硒蛋白质,具有很好的防癌作用。

由美国加州植物生理学家克莱默女士及其他几名科学家共同进行的一项研究表明,烟草植株可产生重要的人类蛋白,转基因烟草前景广阔。科学家们成功地将一种特殊基因植入烟株,从而获得了人类抵御癌症、中风、牙病等疾病所需的蛋白质。烤烟是最适合大量生产这种蛋白质的烟叶品种。

第一章 烟草的生物学特性

一、根的特性及生长发育

烟草的根属圆锥根系,由主根、侧根和不定根 3 部分组成。种子萌发,胚根伸出种皮逐渐发育成主根,这种根通常称为初生根,在胚根期不发生侧根。胚根发展成主根时,在主根周围生出许多侧根,称为一级侧根,在一级侧根上面再发生的侧根称为二级侧根,以此类推,产生三级、四级侧根,从而形成一个发达的根系。

烟草本属直根系植物,到移栽前,主根可长达 15 厘米以上。移栽后,主根通常因受伤而停止伸长,但在主根和根颈部分发生许多不定根,中耕培土后在茎的基部也能产生不定根。成长的烟株主根不明显,侧根和不定根很发达,成为根系的主要部分。一般在移栽后 15~20 天,根深可达 20~25 厘米以上;开花时可深达 80~100 厘米;最后可达 150 厘米左右。

根系在耕作层中的密度和分布的宽度都很大,但根系密集的范围要比分布的范围小得多,特别在深度方面密集层占得更小。根据现有资料来看,根系密集层的深度和宽度与表土条件好坏有关。烟草根系的生长和分布随着环境条件及农业技术的不同而有差别。一般说,土壤通气良好,肥水适度,磷钾肥较多,温度不过高,光照比较强,则根系比较发达。此外,烟草的发根能力很强,生产上利用这一生物学特性,采取中耕、培土、打顶等农业措施,促使茎基部多发生不定根,不仅增加根系的吸收面积,并且也增强了烟株的支撑能力。

烟草的根系不仅是重要的吸收土壤中水分和养分的器官,而且是烟草生长所需要的物质诸如氨基酸、激素等的合成器官。烟碱是烟叶内在质量的重要组成部分,也是在根内合成而后输送到叶和茎中去的,故烟碱的合成量与根系生长发达与否有密切关系。研究证明,根系中以根尖生长活动最旺盛的部位与烟碱的合成关系最为密切。因此,在栽培过程中培养强大的根系,特别是培土以后产生众多的须根,是提高叶片中烟碱含量的一项重要而有效的措施。

二、茎的特性及生长发育

烟草具有强大的圆柱形直立主茎,系由顶芽不断生长而成。茎一般为鲜绿色,老时呈黄绿色。茎皮层的薄壁细胞含有叶绿体,有一定的光合作用能力。幼茎的中央充满发达的髓,所以是实心的。髓细胞可以贮存养料。老的茎,髓破损,只留下一些残余,因此变成空心。茎的表面密生茸毛,幼时尤多。茎上生有气孔,能进行气体交换。在茎的节上着生叶片。两节之间称为节间。同一烟株上,节间长短不一,所以叶在茎上的着生也有疏密。茎的高度、节间长短及茎的粗细均随品种和栽培条件不同而有所差别。

烟草茎部的生长包括延长和加粗两个方面。延长生长主要是靠茎生长点的顶端分生组织的细胞不断分裂、延长和分化而进行的,而加粗生长则主要是茎内维管束形成层细胞活动的结果。

烟草的茎在整个生长期间的生长速度是很不一致的。大体上是初期慢、中期快、后期又慢,直至停止生长。据中国农业科学院烟草研究所的观察,株高自缓苗后恢复增长,到移栽后

20 天,开始迅速生长,约 60 天后生长转向缓慢,至 70 天左右生长接近停止。茎的生长常因外界环境条件而有变化。一般在肥水较多、光照较弱的条件下,茎生长速度较快,但茎秆细长而不粗壮,木质部也不发达;相反,光照强,吸收磷钾比例高,水分适当时,则茎秆粗壮。

如同其他作物的茎一样,烟草茎秆也起支撑地上部分的作用,但主要的生理机能是输送水分和养分。不论有机养分,还是无机养分,都可以沿茎的韧皮部和木质部上下左右进行运输。物质运输的方向主要决定于烟株各部分生理代谢的强度。一般地讲,生命活动比较活跃、代谢旺盛、呼吸强度大、生长较快、含亲水胶体多的部分总是优先获得水分和有机及无机养分。所以,烟株下部的叶片常因环境条件不良及自身的衰老而获得的有机养分较少,而且有时还会向外输出一些,特别是当水肥条件不良时,这种表现更为明显。干旱和缺肥时,底叶枯黄而失去使用价值的原因即在于此。

通常在顶芽正常生长时,顶芽产生的生长素能抑制腋芽的生长。当烟株打顶之后,顶芽对腋芽生长的抑制解除,同时促进了根的活性和侧根的发生,大大刺激了上部 4~5 片叶的腋芽生长。腋芽的生长要消耗养分,减少烟叶中干物质的积累,所以必须把腋芽及时除去。

三、叶的特性及生长发育

(一) 叶的形态

烟草叶片分为有柄叶和无柄叶,形状差异很大。根据我国已搜集到的烟草类型和品种,可以分成以下几种形状。

宽椭圆形:叶长为叶宽的 1.6~1.9 倍。

椭圆形:叶长为叶宽的 1.9~2.2 倍。

长椭圆形:叶长为叶宽的 2.2～3 倍。

凡属于椭圆形的叶片,其最宽处都是在叶的中部。

宽卵圆形:叶长为叶宽的 1.2～1.6 倍。

卵圆形:叶长为叶宽的 1.6～2 倍。

长卵圆形:叶长为叶宽的 2～3 倍。

凡属于卵圆形叶片,其最宽处都是靠近叶的基部。

披针形:叶片窄长,最宽处靠近叶的基部,叶长为叶宽的 3 倍以上。

心脏形:叶长为叶宽的 1～1.5 倍,叶的最宽处靠近基部叶基近中脉处,呈凹陷状。

(二) 叶的生长发育

烟草种子萌发后,子叶先展开,以后陆续出现真叶。苗期叶片出现较慢,叶面积较小。移栽缓苗后则生长较快,叶面积也逐渐增大,每隔 2～3 天,出现 1 片叶子。多叶型出现较快,中等叶数类型出现较慢。越接近现蕾期,叶片出现的速度越快,在现蕾期 5～10 天,几乎同时出现 3～5 叶。这些叶片聚集在一起,类似叶簇,这时顶端将出现花序,叶数不再增加。

单叶的整个生长过程,从生长点出现叶原基突起开始,至叶片成熟,可分为 6 个时期。

1. 胚胎分化期　从形成叶原基开始,至分生组织基本上停止分裂,可称为胚胎分化期。这时叶长 1 厘米左右。胚胎分化期的主要特点是细胞急剧分化,形成各种组织,整个表面密被茸毛,生长的绝对量很小。

2. 幼叶生长期　从上一时期结束时起,至叶长达最后长度的 1/6～1/4 止,一般烤烟品种的叶长为 10～15 厘米。这一时期的主要特点是细胞继续分裂,同时开始生长。叶片直立,生长缓慢,叶面积增长不大。

3. 旺盛生长期　烟叶进入旺盛生长期,细胞体积的扩大和叶面积的增加都很快,叶与茎的角度增大,但小于 90°,成斜立状态。旺盛生长期,叶绿体含量高,光合作用强,生长很快,但所形成的碳水化合物主要用于扩大叶片的体积,贮存的有机质很少,水分很多。

4. 缓慢生长期　烟叶经过一定时间的快速生长后,增长速度逐渐减慢,趋于基本停止状态。这一期间,生长速度虽然减慢,但光合产物开始有所积累,同时有一部分营养物质开始外流,供应其他部分的生长。从外部看,叶色深绿,茎叶角度加大,叶尖开始下垂,水分含量减少。

5. 工艺成熟期　叶片基本停止生长以后,进入工艺成熟期。这时叶肉有机物质的积累多于消耗,碳水化合物含量达到高峰,含氮化合物开始下降。在外观上,工艺成熟完成时,茎叶角度加大,叶尖下垂,茸毛大部分脱落。由于叶绿素减少,叶色渐变黄绿。水分含量减少,内部组织有所收缩,与缓慢生长期相比,叶片厚度反而减薄。

6. 生理成熟期　工艺成熟完成后,进入生理成熟。叶肉的有机物质开始分解,并逐步加速,因而干物质重量下降,叶色由黄变褐,渐趋死亡。

叶片的生长速度初期高于后期,而叶片的长度增长又比叶片的宽度增长快,当然随着品种特性、环境条件及栽培管理等的不同,烟叶生长过程也有相应的不同变化。

烟草单株叶片数因品种而异,多数品种为 20～30 片叶,少数在 30 片叶以上。同一品种的单株叶片数比较稳定,但在营养状况较好时,叶数能有所增加;生长发育条件不适时,则花序分化提前,叶数大为减少。

烟草类型或品种不同,叶片形状和大小也不相同。即使同一植株上不同部位的叶片,大小也不一样。一般是下部叶片较小而薄,顶部叶片较小而厚,中部叶片最大。这种差别又随栽培条件不同而变化。一般在肥水适当、光照充足、烟株营养状况良好而发育健全时,叶片生长最好,加工调制后品质较高。但在氮肥较多,水分充足且光照较弱的情况下,则烟叶薄,油分差,品质降低。所以,只有改善光照条件,配合肥水,促进光合作用,使碳水化合物得以适当积累,才能使烟叶健全生长,达到优质适产的目的。

(三)叶的生理机能

烟草叶片是最重要的同化器官,也是经济价值最高的部分。叶片的生理功能主要有以下几个方面。

1. 光合作用　叶片中 90% 左右的干物质直接或间接来自光合作用。叶片的主要功能是光合作用,常用光合强度以 1 平方分米绿色面积在 1 小时内同化二氧化碳的毫克数来表示。烟叶的表面光合强度多在 8～18 之间,高时达 20～25。不同叶位叶片的光合强度不同,一般处于功能期的叶片光合作用最强。不同品种之间,光合强度有很大差别。

烟草的光合强度受外界条件影响很大,例如施肥、灌溉条件不同时,光合强度也不同,因此,可以通过改善栽培措施来促进光合作用。

烟草对日光的利用是不充分的,这可以从光饱和点与光补偿点看出。例如玉米生长期间光饱和点为 $3 \times 10^4 \sim 5 \times 10^4$ 勒,光补偿点为 1 500 勒,而烟草在旺长期叶片光饱和点最高也不过为 $3 \times 10^4 \sim 3.5 \times 10^4$ 勒。据测定,在旺长期间,上部叶片的光饱和点和光补偿点都比较高,中部叶片次之,下部叶片最低,这与各叶位叶片的同化能力、呼吸强度和光照条件有关。

2. 蒸腾作用　烟株地上部分都可散失水分,但叶片是蒸腾散失水分的主要器官。烟草的叶片大,蒸腾作用较强。据山东农业大学和中国农业科学院烟草研究所 1960 年对益杂 7 号品种成熟初期的烟株测定,不同部位叶片的蒸腾强度有所不同,在 5～18 叶之间,平均蒸腾强度上部叶(189)大于中部叶(178)大于下部叶(108)。其原因除了与叶片所处的环境条件有关外,也与叶片的细胞状况有关系。在一般情况下,上部叶片叶脉致密,细胞较小,单位面积上的气孔数目多,所以蒸腾作用最强。同时,上部叶片的同化能力强,亲水胶体含量较多,所以长时间缺水时,上部叶常从下部叶夺取水分和养分而使下部叶枯黄。

烟草蒸腾作用强,促进烟株对水分和无机盐类的吸收和运转,因而耗水也较多。据河南许昌水利局推算,每公顷产烟叶 2 250 千克时,田间蒸腾系数为 117.8。

3. 叶的吸收机能　烟草叶片由于角质层薄,有较多的气孔,因而能吸收喷洒在叶面上的一些有机和无机营养。实验证明,幼苗叶片吸收的糖分几小时内即分布全株而促进根的生长。尿素喷洒后 6 小时吸收率是 23%,并运转全株直至根部,12 小时吸收率为 24.9%,24 小时是 30.2%。叶片对磷的吸收率相当高,喷后 5 小时吸收率 30%,24 小时后约吸收 45%。叶片对某些矿质元素如锰的吸收比根吸收的还要多。试验证明,叶片喷锰区吸锰量是 37 毫克/株,土壤施锰区吸锰量仅是 21.7 毫克/株。可见,在生长过程中,根的吸收功能减弱,养分供应不足,某些养分施于土壤不如叶面喷施节约,也不如叶面喷施见效快。因此恰当地进行叶面喷施,对于烟叶的产量和质量有一定效果(表 1-1)。

表 1-1　叶面喷施微量元素对烟叶产量和质量的影响

元素及浓度(%)	产量(千克/公顷)	级指	上中等烟(%)	下等烟(%)	施木克值*
铜 1.4	2845.5	0.612	97.47	1.57	1.77
铁 0.7	2556.0	0.543	96.28	3.72	2.34
硼 1.1	2659.5	0.587	94.26	5.74	2.31
锰 3.6	2785.5	0.562	93.19	6.81	2.03
对照(水)	2505.0	0.513	89.53	10.47	1.88

* 施木克值:总糖/蛋白质　　　　　　　　　　　（河南农学院,1983）

（四）叶的品质要素

种植烟草的目的是收获叶片。叶片的商品价值由许多品质要素构成,这里只讨论鲜叶的品质要素。

1. 叶的着生部位　不同叶位叶片的大小不同。叶面积变化的总趋势是中部叶片叶面积大,下部和上部叶片叶面积小。最底部的叶片最宽,最顶部的叶片最窄。烤烟和晒烟的中部和下部叶片薄,上部叶片厚;而白肋烟则是中部和下部叶片厚,上部叶片薄。据中国农业科学院烟草研究所研究（1982）,不同叶位叶片的产量、品质差异很大（表 1-2）。

2. 中脉与叶片　中脉在烟叶中所占的比例影响到产品的经济价值。在卷烟生产过程中,特别是高档烟往往将中脉除去或降低一级使用。中脉的重量与品种和生产条件有关,一般占烟叶重量的 25% 左右,薄而面积大的叶片,中脉所占比重最大。中脉占的比重越大,烟叶的使用价值就越小。

3. 叶片厚度　叶片的厚度是烟叶品质的要素。品种不同,叶位不同,叶片的厚度也不同。叶片的厚度与栽培措施有很大的关系。在打顶较早的情况下,叶片厚度增加。一般都是顶部叶片最厚,下部叶片较薄。

表 1-2　不同叶位叶片与产量、品质的关系

叶位*	百叶重（千克）	产量（千克/公顷）	均价（元/千克）	产值（元/公顷）	叶位	百叶重（千克）	产量（千克/公顷）	均价（元/千克）	产值（元/公顷）
1	0.29	50.7	1.32	66.9	12	0.48	99.0	1.74	172.2
2	0.29	57.0	1.52	86.7	13	0.50	97.5	1.94	189.2
3	0.33	57.5	1.54	88.5	14	0.50	90.8	1.98	179.7
4	0.38	50.3	2.00	100.5	15	0.60	114.8	2.04	234.2
5	0.39	69.5	1.78	123.6	16	0.60	111.8	1.94	216.8
6	0.43	73.5	1.74	128.0	17	0.65	105.5	2.04	215.1
7	0.48	86.3	1.82	157.1	18	0.60	98.7	2.04	201.3
8	0.48	93.5	2.14	200.0	19	0.80	120.5	1.86	224.1
9	0.45	90.5	2.40	217.1	20	0.78	135.0	1.66	224.0
10	0.43	88.5	2.12	187.65	21	0.90	148.4	1.84	272.0
11	0.43	93.0	2.10	195.3	22	0.94	148.4	1.86	276.0

＊叶片在烟株茎上的着生部位。茎基部第一片叶称第一叶位

4. 叶重　单位叶面积的叶重也是烟叶品质要素的重要指标。据有关试验资料记载，以腰叶为代表，平均单叶重达 6 克（干重）以上的烤烟品质较好，5 克以下的烤烟品质较差。每千克干烟叶数 160 片以下的品质较好，180 片以上的品质较差。单位叶面积重量大的，一般单叶重也大。各品种均表现为顶叶最重，腰叶居中，脚叶最轻。这是因为脚叶光照条件最差，干物质积累较少的缘故。单位叶重轻的叶片，烘烤后的品质也差。打顶后顶叶叶片增厚，光照条件也好，因此单位叶重最重。腰叶的成熟期处于有利的气候条件下，单位叶重虽低于顶叶，

但烘烤品质最好。

5. 叶表面的腺毛与胶质　田间烟叶接近成熟时,烟叶的表面有 1 层粘性胶质,主要成分是由腺毛分泌的挥发油和树脂。这种分泌物在调制和发酵过程中逐渐变化并丧失其粘性。胶质含量的累积可因土质粘重、水分供给减少和烟叶的成熟而增多。烟叶的胶质含量较多,烟叶的香气、品质一般都较好。品种不同,烟叶表面的腺毛密度也不同,而腺毛密度的大小往往体现了品种的品质优劣。据中国农科院烟草研究所对 14 个品种的观察,品质优良的 Coker 319 腺毛密度较品质较差的金星 6007 大 3.7 倍。

第二章　烟草生长发育对环境条件的要求

一、对温度条件的要求

烤烟是喜温作物,在无霜期少于 120 天或稳定通过 10℃的活动积温少于 2 600℃的地区,难以完成正常的生长发育过程。烤烟可生长的温度范围,地上部为 8~38℃,最适温度是 28℃左右。黑田昭等指出,烤烟光合作用的最适温度为 20~38℃。从烤烟生产看,如烟株生长经常处于最适温度,虽生长迅速,营养体庞大,但烟株往往比较纤弱,难以形成优质烟叶。如在生长发育前期日平均气温低于 18℃,特别是在 13℃左右时,将抑制生长,促进发育,导致早花,造成减产降质。

在大田生长阶段的中后期,若日平均气温低于 20℃,同化物质的转化积累便受到抑制,影响烟叶正常成熟,气温越低,形成的烟叶质量越差。成熟期的热量状况对烟叶质量的影响最为显著,所以通常把烟叶成熟期的日平均气温作为判别生态适宜类型的重要标志。根据对国内烤烟产区的考察,烟叶成熟期最适温度的下限以 20℃为宜。统计资料表明,在 20～28℃的范围内,烟叶的内在质量有随成熟期平均气温升高而提高的趋势。唐远驹在贵州的试验资料反映出的趋势更为明显(表 2-1)。因此我们将日平均气温≥20℃的持续日数作为划分烤烟适生类型的主要标志之一。

据我国烤烟产区 13 个省的调查,平均采烤期(开始采收至采收结束)为 61.3 天。由于当前生产上第一次采收的叶片均系使用价值极低的底叶,故真正的始烤期应推迟 10 天计算,即整个采烤期缩为 51.3 天。通常下部烟叶在开始采收的20 天以前便进入成熟过程,所以只有在≥20℃持续日数大于70 天的情况下,才能保证各部位的烟叶在适宜的温度条件下成熟。因此,将日平均气温≥20℃,持续日数≥70 天作为烤烟最适宜或适宜生态类型的重要标准。为了保证经济价值最高部位烟叶能在最适宜的条件下成熟,日平均气温≥20℃,持续日数最低不能少于 50 天,故把 50 天作为次适宜类型的界限。

晒烟、白肋烟等类型烟草,对气温的要求不像烤烟那样严格,只要温度不导致生长缓慢和成熟停滞即可。大体上看,日平均气温在 18℃,持续 90 天以上,就能基本满足生长需要。白肋烟移栽后生长发育最适宜的温度是 18～25℃,温度低于10℃,生长停滞。其生长期 110 天左右,比烤烟生长期略短。为了提高质量,还应考虑白肋烟晾制时的适宜温度。黄花烟较耐冷凉气候,生育期短,主要分布在纬度较高的中温带。

表2-1 烤烟成熟期平均气温与烟叶质量的关系

成熟期平均气温(℃)	烟叶物理性状			烟叶化学成分						烟叶品质		
	颜色(10)	光泽(10)	油分(10)	总糖(%)	还原糖(%)	总氮(%)	烟碱(%)	蛋白质(%)	总糖/烟碱	香气(20)	吃味(10)	杂气(10)
16.6	8.0	6.0	4.0	36.26	31.5	1.15	0.61	4.88	59.44	12.0	8.0	7.0
20.5	4.0	8.0	4.0	41.28	32.4	1.48	1.29	5.58	32.00	14.0	8.0	7.0
22.6	7.0	7.4	4.0	25.33	19.8	1.23	1.34	5.25	18.90	14.0	9.4	7.0
24.9	9.0	8.0	4.0	24.48	20.5	2.10	1.54	7.69	15.90	15.0	9.0	8.0
27.2	8.0	8.0	4.0	18.68	16.7	2.18	2.91	8.12	6.42	17.0	10.0	8.0

(引自《贵州省烟草种植区划报告》,1984)

烟草生长的最低温度为 10℃左右,烟苗在 -1.4℃持续 7 小时将发生冻害。

二、对水分条件的要求

烤烟属比较耐旱的作物。从生长需要看,在降水量比较充足,土壤水分为最大持水量的 60%~70% 时,根系发育最好。在温度和土壤肥力适中的条件下,降水充足,烟株生长旺盛,叶片大而较薄,产量较高。但完全处于水分充足条件下生长的烟叶细胞间隙大,组织疏松,调制后颜色淡,香气不足,烟碱含量相对较低。若降水不足,土壤干旱,则烟株生长受阻,长势差,产量低,叶片小而厚,组织粗糙,质量差。

从烤烟生产获得理想的产量与优质烟叶出发,烤烟适宜于种植在降水较为充足,而且雨量分布较为均匀的地区。我国山东、河南烤烟生长期月平均降水量为 100~130 毫米,云南、贵州烟区为 180~200 毫米。降水对烤烟的影响,不决定于年降水量的大小,而主要决定于降水量的分布。烤烟在旺长期以前,烟株小,耗水量低,适度干旱能促进根系发育,此时的月降水量以 80~100 毫米较为理想。旺长期耗水量最大,此期间如水分过于亏缺,则会严重影响烟叶的产量与质量。

在降水量分布比较均匀的情况下,月降水量 100~200 毫米即可满足烤烟生长的需要。成熟期降水量多少对烟叶质量影响最为显著,降水量过少,烟叶厚而粗糙,烟叶内含氮化合物含量高而含糖量低。如多雨寡照,则使烟叶薄且难烘烤,烟碱含量低,香气平淡。此期间降水量为 100 毫米左右较为理想。

降水对晒晾烟除影响烟株生长发育外,还极大地影响着烟叶成熟后的调制,烟叶晒晾期间的降水情况是安排栽培季节的制约因素。

三、对光照条件的要求

光照条件对烟草的生长发育和新陈代谢都有较大的影响。大部分烤烟品种对光照长短的反映呈中性,只有少数多叶型品种呈明显的短日性。强烈的光照能使烟株生长旺盛,叶厚茎粗,繁殖力强。但在强光直射下,烟叶的栅栏组织和海绵组织加厚,导致叶片厚而粗糙,油分不足,对烟叶质量不利。过分强烈的光照还会引起日灼病。如光照不足,则光合作用受阻,生长缓慢,机械组织发育差,植株纤弱,成熟期延迟,干物质积累少,叶片薄,香气不足,品质下降。在烟叶成熟期,充足的光照是生产优质烟叶的必要条件。

晒烟和白肋烟对光照的要求虽不像烤烟那样严格,但同样也需要有充足的光照,尤其是晒烟,在晒制阶段,光照条件是决定质量的因素。而雪茄包叶烟则相反,为了使其具有薄而弹性强的品质特点,一般均需栽培在有自然遮荫或人工遮荫的环境条件下。

四、对土壤条件的要求

(一)土壤条件与烟草生长发育的关系

土壤是烟草生长吸取营养和水分的场所,同时各种环境条件也通过土壤影响烟草的生长发育。烟草对土壤的适应性很强,除重盐碱土外,几乎在各类土壤上都能够生长。但是,从对烟草生产和烟叶质量的影响看,不同土壤类型所产的烟叶品质差异则非常明显。即使在较小的区域内,品种相同,栽培技术措施和调制技术相似,仅由于土壤中某些理化性状不同,便导致烟叶质量有明显差异。土壤中的养分、水分和空气是决定烟草生长适宜程度的基本条件,土壤酸碱度(pH)是影响因素,土壤含盐量和含氯量则是限制因素。

1. 土壤养分　由于烟草生产是以获取优质烟叶为目的,因此,对土壤养分的要求上,有一定的特殊性。为了生产出优质烟叶,烟株必须在生长发育的不同阶段,能从土壤中适时适量地吸取不同种类的营养成分。科研与生产实践证明,富含磷、钾及微量元素的土壤是生产优质烟的重要条件,土壤中有效氮含量与供氮能力的调节是影响烟草生长和烟叶产量、质量的重要因素。

烤烟在生育前期需要供应充足的氮素,才能保证烟株茎叶生长良好,而到烟叶成熟期氮素供应则需降低到适当水平,以保证烟株的代谢能适时由蛋白质的旺盛合成转化为淀粉的积累,才有利于形成优质烟叶。调节土壤供应养分的能力,除在施肥上采取措施外,还须考虑因土壤质地不同,而调节供应养分的能力不同的特点,选择适宜质地的土壤种植烟草。

2. 土壤水分　土壤水分动态不仅影响烟草的水分供应,而且还会引起地温,土壤透气性能,土壤养分的释放、转移、利用率及土壤微生物区系环境的变化,直接影响根系的发育和功能,并对烟株的生长发育及烟叶化学成分含量等方面产生深刻影响。

土壤的水分状况,对烟株的新陈代谢、烟叶的产量和质量有明显影响。水分供应充足,生长的烟叶薄,糖分和钾素含量高,烟碱和含氮物质含量低;反之,土壤水分不足,则烟叶厚,组织粗糙,含糖量低,烟碱和含氮化合物含量增加,醚提物和芳香物质、树脂等致香物质的含量也增加。在烟草生育的任何阶段,水淹或渍水形成的饱和土壤水分状况都会造成根系缺氧,致使烟株萎蔫甚至死亡。为获得优质烟叶,必须选择排水良好且具有较高持水力的土壤。

3. 土壤含盐量和含氯量　土壤含盐量或含氯量偏高,是种植烤烟的限制因素。虽然烤烟可以在盐渍土上繁茂生长,但却不可能生产出理想的烟叶。凡轻度盐渍化的土壤,即使含盐量没有达到土壤分类中盐碱土的标准,也难生产出质量较好的烟叶。土壤含盐量高,烤烟成熟落黄慢,叶薄,烤后色泽暗,燃烧性差,杂气重,灰质硬。从对我国烟区土壤盐分调查看,生产较好质量烟叶的土壤盐分含量必须在 0.1% 以下,而生产优质烟叶的土壤盐分含量则必须低于 0.05%。

烟草对土壤含氯量极为敏感,氯极易被烟草吸收而在叶片中积累。尽管少量的氯对烟草生长、代谢和烟叶质量都有一定益处,但烟叶含氯量超过限制则是影响其燃烧性的最主要因素。国内外研究结果证明,土壤含氯量与烟叶含氯量呈正相关。当烟叶含氯量大于 1% 时,就对烟叶燃烧性产生不良影响;含氯量超过 1.5% 时,便会产生不同程度的熄火现象。含氯量高的烟叶,不但燃烧性不良,而且杂气、刺激性重,工业使用价值极低。

通过测定全国各烤烟产区 154 对土壤与烟叶的含氯量及烟叶的阴燃持火力的相关性,发现土壤含氯量与烟叶燃烧性呈极显著负相关。相关性可用下式表示:

$$\hat{Y} = 1873 \times X^{-1.837}$$

Y——烟叶的阴燃持火力,以秒为单位;X——土壤氯离子含量(毫克/千克)。

据研究,不致熄火烟叶的最低阴燃持火力为 2 秒,即持火力 Y=2,土壤含氯量 X=42 毫克/千克。因此,将土壤含氯量 X=45 毫克/千克作为烟草种植生态次适宜类型的最高限,该标准比日本学者提出的标准还低 5 毫克/千克。对适宜类型和最适宜类型则规定土壤含氯量要小于 30 毫克/千克,这与日本的标准一致。按以上公式计算,土壤含氯量为 30 毫克/千克时,烟叶的阴燃持火力为 3.63 秒。因此,当土壤含氯量小于 30 毫克/千克时,就不会成为烟叶质量的限制因素。

4. 土壤酸碱度(pH) 土壤酸碱度是土壤的成土条件、理化性质和肥力特征的综合反映,它对土壤的物理性质、微生物活动、养分转化、存在形态和有效性都有重大影响,是影响烟草的生长发育和烟叶产量、品质的因素之一。

对我国闽、桂、黔、滇、川、陕、甘、苏、冀等地不同 pH 土壤与烟叶化学成分相关性统计资料表明,烟叶的烟碱、钾、锌、锰的含量随着土壤 pH 值的升高而下降;烟叶中钙、镁的含量随着土壤 pH 上升而上升。

中国科学院南京土壤研究所曹志洪等人的研究(表 2-2)也表明,pH 低的土壤所产烟叶含钾量高。施入相同钾肥量,强酸性的土壤(pH 4.96)比中性土壤(pH 6.84)烟叶含钾量提高 51.85%~76.66%。

表 2-2 土壤 pH 与施钾量对烟叶含钾(K_2O)量的影响 (盆栽)

项 目	施钾(K_2O)量(千克/公顷)					
	0	50.1	100.4	150.0	200.1	250.1
土壤 pH 4.96	36.30	37.80	36.60	36.90	39.75	41.10
土壤 pH 6.84	20.70	23.10	23.70	24.30	22.50	24.45
前者比后者烟叶钾含量增加%	75.36	63.63	54.43	51.85	76.66	68.09

(引自曹志洪、王恩沛资料)

对不同 pH 土壤所产烟叶化学成分比值测定结果表明,烟叶的糖、碱比值用钾、钙比值随土壤 pH 升高而增大;碱、氮比值及钾钙比值随土壤 pH 升高而减小;钾、氯比值与土壤 pH 相关性不显著。因此,土壤 pH 对烟叶化学成分的相互间协调影响较大,这一点在卷烟工艺中具有重要的实际意义。

通过对全国大量土壤及相应产出的烟叶成对样品进行评吸鉴定,其结果表明,在土壤 pH 5.5~7 时,烟叶内在质量的评吸总分差异不显著,而当土壤 pH 升至 7.1~7.5 范围时,烟气质量显著变劣,烟叶燃烧后的余味、杂气、刺激性有明显差异(表 2-3)。当土壤 pH 过高时,烟叶燃烧后会出现明显的地方性杂气。

表 2-3 土壤 pH 与其产出烟叶的余味、杂气、刺激性的差异显著性

土壤 pH	余味(15 分)			杂气(10 分)			刺激性(10 分)		
	平均分数	差异显著性		平均分数	差异显著性		平均分数	差异显著性	
		5%	1%		5%	1%		5%	1%
5.0~6.0	11.59	a	A	7.40	a	A	7.38	a	A
6.1~6.5	11.22	a	A	7.31	a	A	7.32	a	A
6.6~7.0	11.11	a	A	6.86	ab	A	7.36	a	A
7.1~7.5	9.67	b	B	6.50	b	A	6.78	b	B

(李念胜、王树声,1986)

关于土壤 pH 对烟草生物产量的影响,日本秦野烟草试验站测定结果表明,土壤 pH 3 与 pH 9 烟草干物质积累少,pH 6~7 干物质积累最多,pH 8,pH 5,pH 4 次之。

(二)烟草生长发育适宜的土壤条件

1. 适宜的土壤物理性质

(1)土壤质地　土壤质地是决定土壤的通气性、透水性、保水性、保肥性和供肥性的极为重要的因素,因此国内外烟草生产者历来重视烟田的土壤质地。美国、巴西、津巴布韦等国家多选择砂质壤土、壤土种植烤烟,其特点是土质疏松,通气和透水性良好,供肥快,土壤氮素供应容易调节,便于控制烤

烟烟叶的品质。

砂质土:粒间孔隙大,通气性、透水性良好,而保水性、保肥性差,养分缺乏,肥力低。在砂质土上种烟,叶片薄,单叶轻,烟碱含量较低,烘烤过程水分易于散失。通常种在砂质土上的烟叶烤后颜色较浅,香气较淡,燃烧性良好。

粘质土:粒间孔隙小,通气性、透水性差,而保水性、保肥性强,养分含量较高,肥力较高。在粘质土上种植烤烟,叶片较厚,单叶重大,烟碱含量较高,烘烤过程水分散失量大。由于粘质土保肥力强,施氮肥过量或施肥过晚,会导致烤烟生长后期供氮过多,叶片贪青晚熟,甚至发生"黑暴"烟,不易成熟。烟叶不易调制,质量低劣。

壤质土:砂粘粒子比例适中,兼有砂土和粘土的优点。土壤大小孔隙配比适当,既有良好的通气性、透水性,又有较强的保水性、保肥性,供肥适中,土壤肥力便于调节控制,从而有利于控制烟叶的产量和质量。

研究与实践表明,含有砂砾质的重壤土、轻壤土,由于砂砾是土壤的机械组分,改善了土壤通气性、透水性和土壤紧实度,从而改善了烟株根系环境,因此也能获得优质烟叶。

通过对山东优质烟区棕壤和淋溶褐土的土壤机械组成分析(表 2-4)可以看出,该省生产优质烤烟的土壤质地为砂壤土、轻壤土和中壤土,多数为轻壤土。其机械组成特点是小于 0.01 毫米土粒的土壤物理性粘粒百分数范围值表层为 16.36%~28.95%,平均值为 21.94%。用平均值加减标准差获得的范围值,是优质烟土壤物理性粘粒含量比例出现频率最多的数值,因而可以被看作是生产优质烟土壤物理性粘粒含量比例指标,其表层数值为 16.02%~27.68%,底层为 19.92%~30.90%。

表2-4　山东省植烟土壤机械组成

地点	表土 底土 (厘米)	土样编号	土壤物理性砂粒(%)				土壤物理性粘粒(%)					土壤质地名称
			>1 (毫米)	砂粒 1~0.25 (毫米)	0.25~0.05 (毫米)	粗粉粒 0.05~0.01 (毫米)	中粉粒 0.01~0.005 (毫米)	细粉粒 0.005~0.001 (毫米)	粘粒 <0.001 (毫米)	>0.01 (毫米)	<0.01 (毫米)	
山东昌乐 九里沟	0~20	C93211	29.31	4.25	33.90	6.28	2.15	10.27	13.84	73.74	26.26	轻壤土
	20~40	C93212	26.78	5.28	30.85	4.21	3.52	14.11	15.25	67.39	32.61	中壤土
	0~20	C93311	30.28	3.95	29.76	7.36	4.06	9.83	14.76	71.35	28.65	轻壤土
	20~40	C93312	27.33	6.27	31.55	6.39	4.25	7.92	16.28	71.55	28.45	轻壤土
山东昌乐 崔家庄	0~20	C95211	41.90	1.80	23.00	16.94	3.13	11.08	2.15	83.64	16.36	砂壤土
	20~40	C95212	39.06	2.02	27.65	12.73	2.94	13.68	1.92	81.46	18.54	砂壤土
山东昌乐 马宋村	0~20	C95231	39.04	5.14	14.85	12.02	3.60	21.50	3.85	71.05	28.95	轻壤土
	20~40	C95232	30.70	5.70	18.41	14.59	2.39	13.61	14.60	69.04	30.60	中壤土
山东昌乐 黄埠村	0~20	C95091	27.77	5.82	42.70	5.05	1.34	9.79	7.53	81.34	18.66	砂壤土
	20~40	C95092	16.77	7.18	40.08	13.56	3.53	11.45	7.43	77.59	22.41	轻壤土
山东临朐 小山村	0~20	C93211	24.15	12.27	16.38	29.35	5.87	9.03	2.95	82.15	17.85	砂壤土
	20~40	C93212	20.94	13.78	18.45	27.85	6.25	9.28	3.85	80.62	19.38	砂壤土
	0~20	C93311	35.19	14.59	10.28	23.21	3.42	7.45	5.95	83.18	16.82	砂壤土
	20~40	C93312	23.81	16.21	9.56	24.55	8.41	11.25	6.12	74.13	25.87	轻壤土

续表 2-4

地点	表土底土 土样编号(厘米)	土壤物理性砂粒(%) >1(毫米)	砂粒 1~0.25(毫米)	细粒 0.25~0.05(毫米)	粗粉粒 0.05~0.01(毫米)	土壤物理性粘粒(%) 中粉粒 0.01~0.005(毫米)	细粉粒 0.005~0.001(毫米)	粘粒 <0.001(毫米)	>0.01(毫米)	<0.01(毫米)	土壤质地名称
样本数(n)		7	7	7	7	7	7	7	7	7	
范围值	0~20	24.15~41.90	1.8~14.59	10.28~42.70	5.05~29.38	1.34~5.87	7.45~21.50	2.15~14.76	71.05~83.64	16.36~28.95	
	20~40	16.77~39.06	2.02~16.21	9.56~40.08	4.21~27.85	2.39~8.41	7.92~14.11	1.92~16.28	67.39~81.46	18.54~32.61	
平均值X̄	0~20	32.52	6.83	24.41	14.32	3.37	11.28	7.29	78.06	21.94	
	20~40	26.48	8.06	25.22	14.84	4.47	11.61	9.35	74.39	25.41	
标准差(s)	0~20	6.40	4.72	11.62	9.28	1.44	4.65	5.13	5.74	5.74	
	20~40	7.18	5.05	10.30	8.70	2.13	2.37	5.92	5.49	5.49	
适宜值 (X̄±S)	0~20	26.12~38.92	2.11~11.55	12.79~36.03	5.04~23.60	1.93~4.81	6.63~15.93	2.16~12.42	83.80~72.32	16.02~27.68	
	20~40	19.03~33.66	3.01~13.11	14.92~35.52	6.14~23.54	2.34~6.60	9.24~13.98	3.43~15.27	69.10~80.08	19.92~30.90	

(宋承鉴，1995)

直径小于 0.001 毫米的土壤粘粒,对土壤的化学性质和土壤的物理性质有重大影响。由于粘粒颗粒细小,表面积大,保水保肥能力强,粘粒多的土壤孔隙小,可塑性、粘结性、粘着性强,遇水膨胀,失水坚硬,因此适于种植优质烤烟的土壤粘粒含量比例不能太高。从表2-4看出,直径小于 0.001 毫米粘粒的含量比例变化较大,0～40 厘米土层上限为 16.28%,下限为 1.92%,平均值表层为 7.29%,底土层为 9.35%。考虑到土壤粘粒对土壤物理化学性质的作用,把其含量比例作为植烟土壤的一个指标,这个指标值是 2.16%～15.27%。

综上所述,可以看出烤烟适宜在肥力中等的砂质壤土、轻壤土、中壤土以及含有砂砾质的重壤土、粘壤土上栽培。

各种烟草类型对土壤质地要求不尽相同。晒黄烟对土壤的要求与烤烟相似。淡色晒黄烟适宜种植在表土为砂砾质壤土,底土保水、保肥性能较好的中壤土上。深色晒黄烟则要求种植在肥力较高的土壤上。

香料烟适宜的土壤,是坡地薄层砂质壤土或砾质中壤,其特点是土层薄,有机质含量低,氮素较少,磷、钾含量较多。

白肋烟适宜栽培在砂壤质土至中壤质土上,要求土壤有机质含量高,肥力较高,土层深厚。

(2)土壤水分

① 土壤田间持水量:为了满足烟草发育阶段对水分的需求,使土壤水分含量处在烟株吸收水分的最佳状态,借助于土壤含水量调节烟株生长状况,促进烟株健壮生长,适时成熟采收,烟田应保持必要的持水量。在缓苗期,虽然阶段耗水量不大,但是由于移栽时根系受到损伤,其吸收能力减弱。为了确保烟苗成活,供水应当充分,移栽时应使土壤水分达到田间持水量的 85% 左右;若营养钵育苗移栽,根系损失少,土壤水分

应保持在土壤田间持水量的70%以上。在伸根期,为了促进根系的发育并兼顾地上部茎叶的生长发育,土壤不宜太旱,也不宜过湿,应保持在田间持水量的50%~60%为宜。旺长期是烟草生长最旺盛、干物质累积最多的时期,阶段耗水量为全生育期耗水量的一半以上,此时应保持土壤田间持水量的80%,以确保烟株正常发育和获得良好的内在品质。在成熟期,烟草主要进入干物质的合成、转化和累积阶段,需水量逐渐减少,土壤水分应控制在土壤田间持水量的60%~65%为宜,同时应注意防止水分过多引起烟株贪青晚熟,影响适时采收。

山东省主要植烟耕层水分特性及土壤田间持水量(表2-5)通常是优质烟田土壤最大田间持水量范围为干土重的18.28%~26.20%,平均值为22.67%,最适宜的范围值为20.33%~25.01%。土壤最大有效持水量范围值为占干土重的15.27%~20.72%,平均值为18.33%,最适宜的范围值为16.72%~20.01%。

表2-5 山东省植烟耕层土壤持水性特征

地 点	编 号	土壤吸湿水含量(%)	土壤凋萎水量(%)	土壤最大田间持水量(%)	土壤最大有效持水量(%)
山东省昌乐县	C9301	3.80	5.70	25.02	19.32
九里沟村	C9302	3.72	5.58	26.20	20.63
	C9303	3.85	5.78	24.50	18.72
	C9304	3.98	5.97	23.98	18.01

地　点	编　号	土壤吸湿水含量(%)	土壤凋萎水量(%)	土壤最大田间持水量(%)	土壤最大有效持水量(%)
山东省临朐县小山村	L9301	1.82	2.73	18.28	15.55
	L9302	1.75	2.63	19.27	16.64
	L9303	1.53	2.29	21.25	18.96
	L9304	1.56	2.34	20.35	18.01
山东省昌乐县崔家庄	C9501	4.08	6.12	26.50	20.38
	C9502	3.91	5.86	24.08	18.22
	C9503	3.81	5.71	24.10	18.93
	C9504	3.95	5.93	25.03	19.10
山东省昌乐县黄埠村	C9505	3.95	5.93	21.20	15.27
	C9506	4.10	6.15	23.50	17.35
	C9507	4.08	6.12	23.00	16.88
	C9508	4.13	6.20	23.80	17.60
山东省临朐县高家沟	L9501	1.50	2.25	18.71	16.46
	L9502	1.53	2.29	19.86	15.57
	L9503	1.56	2.34	21.38	19.04
山东省临朐县仙人脚村	L9504	1.55	2.32	23.04	20.72
	L9505	1.60	2.40	22.78	20.38
	L9506	1.48	2.22	22.91	20.69
样本数(n)		22	22	22	22
数量范围值		1.48～4.13	2.22～6.15	18.28～26.20	15.27～20.72
平均值($\overline{X}$)		2.87	4.31	22.67	18.38
标准差(S)		1.21	1.81	2.34	1.63
适宜范围值($\overline{X}\pm S$)		1.66～4.08	2.50～6.12	20.33～25.01	16.72～20.01

（宋承鉴，1995）

②土壤透水性：生产烟草的土壤应有一定的保水性能，同时也必须具有良好的透水性能。若土壤透水性弱，一旦发生积涝、滞水，就会导致烟株根系坏死，烟株萎蔫。对山东省烟田随机选择地点，进行田间测定，以土壤透水系数 K[即土壤单位时间渗透水量厚度（毫米/分钟）]来反映土壤透水特征，试验测定结果列入表 2-6。通常在灌水初期阶段，水分迅速向下渗透，渗透强度大，然后，在充分供水条件下，水分下渗强度逐渐趋于稳定。通常在连续供水 120～150 分钟达到稳定渗透状况，这时渗透系数保持一个常数，这个常数 K 值反映了土壤渗透特性。

优质烟田土壤水分渗透系数，最低为 67.2 毫米/小时，最高 244.8 毫米/小时，平均值为 158.9 毫米/小时，适宜范围值为 105.4～213.4 毫米/小时，属于土壤透水性适宜和透水强的范围。渗透性强的土壤，通气透水性良好，在烟田管理上增施有机肥料，增加土壤保水性能仍然是必要的。在土壤养分调节上，应注意防止在多雨年份烟田可能发生的脱肥现象。

（3）土壤通气性状　研究指出，烟草中的尼古丁主要是在烟株根部，是在新生根中形成的。烟草新生根的数量决定于土壤化学性质和土壤气体交换状态。土壤通气性良好，氧气供应充分，在良好的水分及养分条件下新生根的数量多，烟株尼古丁形成的数量也多。在良好的通气条件下，有利于土壤养分的释放，增加土壤养分的有效性，土壤氮素易于形成硝酸态氮，硝酸态氮源有利于烟叶内在品质的形成。如果通气不良，土壤会形成不利于烟株营养的物质，影响烟株根系发育、伸展，降低代谢功能，其结果烟叶干物质重量及品质下降。

土壤容重，反映了土壤孔隙性状、土壤通气及松紧状况。土壤容重大，土壤紧实，通气性差；土壤容重小，土壤疏松，通

表 2-6 山东省植烟土壤透水系数 K （毫米/分钟）

地 点	编 号	测定时段（分钟）										稳定透水系数	
		1	3	6	10	20	30	60	90	120	150	毫米/分钟	毫米/小时
山东昌乐崔家庄	C9501	3.25	1.85	1.62	1.55	1.25	1.23	1.15	1.12	1.12	—	1.12	67.12
	C9502	3.05	2.78	2.70	2.68	2.68	2.23	2.19	2.10	2.08	2.08	2.08	124.8
黄埠村	C9504	9.27	5.57	3.93	3.48	3.06	2.92	—	2.87	2.71	2.70	2.70	162.0
	C9505	7.42	6.96	4.87	4.63	4.45	4.25	4.03	3.82	3.48	3.30	3.30	198.0
	C9506	8.96	4.07	3.87	3.76	3.39	3.35	3.08	3.07	3.08	3.00	3.00	180.0
山东临朐高家沟	L9501	—	5.10	4.87	4.48	3.89	3.52	2.92	2.55	1.85	—	1.85	111.0
	L9502	—	4.64	4.50	4.14	3.06	2.45	2.55	2.32	2.06	2.01	2.01	120.6
	L9503	8.81	6.03	5.33	4.79	4.45	3.99	3.80	3.85	3.69	3.63	3.63	217.8
仙人脚村	L9504	—	10.20	7.88	7.66	7.42	6.03	5.79	4.52	4.09	4.08	4.08	244.8
	L9505	9.27	9.27	6.96	5.56	4.39	4.36	3.24	2.85	2.80	—	2.80	168.0

（宋承鉴，1995）

气性良好。温室试验(谢锦辉,1989)结果表明,在土壤容重为1.2克/厘米³的土壤上种植的烟草比土壤容重为1.5克/厘米³种植的烟草烟叶中烟碱含量高(表2-7)。

表2-7 土壤容重对烟草生长养分吸收及
烟碱合成的影响 (盆栽)

土壤容重(克/厘米³)	干物重(克/株)	氮(%)	五氧化二磷(%)	氧化钾(%)	氧化钙(%)	氧化镁(%)	烟碱(%)
1.2	74.13	2.12	0.39	2.83	3.70	0.93	0.77
1.5	58.00	1.74	0.23	2.51	2.90	0.69	0.55

从山东省主要烟区土壤耕层通气性特征(表2-8)中可以看出,土壤容重的适宜范围值为1.2~1.36克/厘米³,土壤总孔隙度的适宜范围值为48.67%~54.69%,土壤毛管孔隙度的适宜范围值为26.19%~31.85%,土壤通气孔隙度适宜范围值为18.26%~27.10%。

表2-8 植烟土壤耕层土壤通气性特征

地 点	编 号	土壤容重(克/厘米³)	土壤总孔隙度(%)	土壤毛管孔隙度(含无效水孔隙度)(%)	土壤通气孔隙度(%)
山东省昌乐县九里沟村	C9301	1.253	52.72	31.35	21.37
	C9302	1.182	55.39	30.96	24.43
	C9303	1.231	53.55	30.16	23.39
	C9304	1.261	52.45	30.23	22.22

地 点	编 号	土壤容重 （克/厘米³）	土壤总孔 隙度（%）	土壤毛管孔 隙度（含无效 水孔隙度）（%）	土壤通气 孔隙度（%）
山东省临 朐县小山 村	L9301	1.312	50.49	23.98	26.51
	L9302	1.285	51.51	24.76	26.75
	L9303	1.350	49.06	28.69	20.37
	L9304	1.381	47.89	28.10	19.79
山东省昌 乐县崔家 庄	C9501	1.218	54.04	33.92	20.12
	C9502	1.223	53.85	29.45	24.40
	C9503	1.227	53.69	29.57	24.17
	C9504	1.329	49.85	33.26	16.59
山东省昌 乐县黄埠 村	C9505	1.143	56.87	24.23	32.64
	C9506	1.207	54.45	28.36	26.09
	C9507	1.215	54.16	27.95	26.21
	C9508	1.187	55.21	28.25	26.69
山东省临 朐县高家 沟	L9501	1.381	47.89	25.84	22.05
	L9502	1.282	51.62	25.46	26.16
	L9503	1.383	47.81	29.54	18.27
	L9504	1.301	50.91	29.97	20.94
山东省临朐 县仙人脚村	L9505	1.422	46.33	32.39	13.94
	L9506	1.397	47.28	32.00	15.28
样本数（n）		22	22	22	22
数量范围值		1.187～ 1.422	46.33～ 55.39	24.17～ 33.92	13.94～ 32.64
平均值（$\overline{X}$）		1.28	51.68	29.02	22.66
标准差（S）		0.08	3.01	2.83	4.40
适宜范围值 （$\overline{X}\pm S$）		1.20～ 1.36	48.67～ 54.69	26.19～ 31.85	18.26～ 27.10

（宋承鉴，1995）

2. 适宜的土壤化学性质

(1)土壤酸碱度　适宜的土壤酸碱度是指最有利于土壤中微生物的活动,养分的转化、激活以及被植物吸收利用的土壤 pH 范围。

土壤有机质必须在微生物参与下才能分解、释放出其含有的营养元素,把有机态养分变成可供烟草吸收的无机态养分。这些微生物的有效性多数在接近中性环境条件下最为旺盛,因此土壤养分的有效性多数在接近土壤中性时最大。例如,有机氮源可以确保烟叶有较高的品质,而有机氮在转化过程中的氨化作用适宜的 pH 范围为 $6.5 \sim 7.5$,硝化作用为 $6.5 \sim 8$。硝化作用产生的硝酸态氮有利于形成良好的烟叶品质,烟株在吸收硝酸态氮时还可以促进对钾离子的吸收,进而有利于烟叶优良品质的形成。

对于无机态的营养元素,磷的有效度最大的土壤 pH 范围为 $6 \sim 7$。在土壤 pH 小于 5 时,磷酸根容易和土壤中的活性铁、铝结合,形成难溶性沉淀。而当 pH 大于 7 时,磷酸根又易和钙结合,形成难溶性磷酸钙。钾、钙、镁等元素在酸性土壤中可以被溶解,呈有效态,也容易被从胶体上代换下来而随水流失,因此酸性土壤中钾、钙、镁等盐基离子常常缺乏。钙、镁的有效性以土壤 pH $6 \sim 8$ 时为最大,而在碱性土壤中钙、镁的溶解度低,有效性差。铁、铝、锰化合物在酸性土壤中可变成可溶性,提高其有效度,但是在强酸性土壤中,可溶性铁、铝、锰过高会对烟株造成危害,随着酸度的降低,铁、铝、锰化合物迅速降低。在 pH $6 \sim 7$ 时土壤中铁、铝、锰活性离子急剧减少,铝离子甚至于消失。

关于微量元素在土壤中的状态,铜、锌在土壤 pH 大于 7 时有效度极低。钼在强酸性土壤中为难溶态,当 pH 大于 6

时,钼的有效度增加,因此,在酸性土壤中施石灰提高土壤pH值,可以增加土壤钼的有效性。在土壤pH 4.7~6.7之间,硼的有效性最高,在这个范围里土壤水溶性硼随着pH的升高而提高。

综上所述,国内外烟草科学研究在选择植烟土壤时都重视土壤的酸碱度指标,并且根据地域特点提出了对烟叶有利的土壤pH范围,例如美国要求种烟土壤为pH 5.9,加拿大为pH 5.8,津巴布韦为pH 5.5~6.5。考虑到我国的实际情况和病害的控制问题,把pH 5~7作为烟草适宜类型范围,把pH 5.5~6.5的土壤作为最适宜类型范围。山东省烟区土壤酸碱度范围值为pH 6.1~7.3,多数为pH 6.6~6.8。

(2)土壤阳离子交换量 土壤阳离子交换量是指土壤溶液为中性(pH为7)时,土壤能吸收阳离子的最大数量。它直接反映了土壤保存养分能力的大小和可以提供交换性阳离子的数量,是土壤保肥、供肥能力的标志,是重要的土壤肥力指标。它还可以反映土壤缓冲能力强弱。土壤阳离子交换量大,缓冲能力强;反之,土壤阳离子交换量小,缓冲能力弱。一般认为土壤阳离子交换量小于10厘摩/千克土,土壤保肥能力弱;10~20厘摩/千克土,保肥能力中等;大于20厘摩/千克土,保肥能力强。阳离子交换量不是愈大愈好,因为过大时,由于土壤过分粘重,通气性、透水性不良,土壤水分与空气之间发生矛盾,土壤有机质不能正常分解释放养分。而土壤阳离子交换量过小,其土壤保肥供肥能力低,土壤通气性强,水分缺乏,也会发生水分与空气间的矛盾。一般认为,在山东省温带半湿润气候区,植烟土壤的阳离子交换量以12~18厘摩/千克土为宜。

土壤中各种交换性阳离子应具有适当比例才有利于土壤

肥力的协调。山东省多数植烟土壤的交换性阳离子中钙占60%～80%，镁占10%～25%，钾占2%～5%。通常植烟土壤交换性钙所占比例以不少于60%为宜，否则会引起钙缺乏；交换性镁应为10%～30%，不应小于10%，否则会导致缺镁，也不应大于30%，否则会降低交换性钙与钾的有效度；土壤交换性钾以占交换性阳离子的3%～5%为宜，以免引起烟草钾素不足。

山东省主要植烟土壤为普通棕壤、淋溶褐土及部分无石灰性潮土，土壤阳离子交换量因土壤有机、无机胶体的种类、数量及酸碱度的差异而不同。

普通棕壤，土壤胶体以伊利石为主，有较多的高岭石和少量的蒙脱石、蛭石和绿泥石，呈微酸性反应，pH 5.8～6.8，阳离子交换量较大，为15.7～22.1厘摩/千克土，盐基饱和度81.99%～99.12%，其中交换性阳离子钙占56.56%～63.23%，镁占28.18%～33.71%，钾占2.44%～3.5%。棕壤交换性阳离子组成中钙、镁、钾的比例组合基本上能协调对烟草营养的供应，但是镁离子的比例偏高，在一定程度上影响了钙、钾的有效度；而交换性钾离子的比例偏低，因此植烟土壤适当补充钾肥是必要的。

淋溶褐土，是淋溶作用较强的一种褐土亚类。山东省植烟的淋溶褐土呈中性反应，pH 6.8～7.4。在红土母质上发育的淋溶褐土，无石灰性反应，pH 6.5～7.4，偏粘，粘粒含量达45%左右，土壤胶体以伊利石为主，伴有少量的蒙脱石和高岭石，阳离子交换量大，为28.22～31.57厘摩/千克土，盐基饱和度为100%。在黄土性母质上发育的淋溶褐土，无石灰性反应，pH 6.8～7.5，土壤阳离子交换量17.91～22.1厘摩/千克土。

无石灰性潮土分布在鲁中南各大小河流冲积平原,其母质来源于无石灰性的河流沉积体,pH 6～7.8,土壤阳离子交换量10～16厘摩/千克土。无石灰性潮土土层深厚,土壤肥力中等,肥力易于人工调整控制,地下水源丰富,水质良好,适宜种植烤烟。

(3)土壤有机质含量　土壤有机质含量决定了土壤的物理化学性质和肥力水平。在一定含量范围内,土壤有机质含量愈高,土壤养分含量也愈高,肥力性状愈好。通常有机质含量适中,能生产出产量较高、品质较好的烟叶。土壤有机质含量过高,相应的土壤肥力过高,烟田生产出的烟叶叶脉粗,叶片厚,色泽差,含氮化合物增高,品质差。而土壤有机质含量过低,烟株长势弱,烟株矮小,叶片小而薄,内含物少,品质差,产量低。

烟草类型不同,适宜的土壤有机质含量也不同。同一种烟草类型,由于世界各国种烟区气候条件的不同,适宜的土壤有机质含量也存在着差异。

烤烟适宜中等有机质含量的土壤。在美国,适宜种烟的土壤有机质含量为1.0%～2.4%,巴西为1.8%～3%,津巴布韦为1.8%～2.9%,加拿大主要种烟区安大略省的土壤有机质含量平均为1.02%。和世界一些主要产烟国家相比,我国植烟土壤有机质含量较低,烟区土壤有机质含量总的特点是,南方及东北地区高,黄淮地区低。0～30厘米土层有机质平均含量范围值,黑龙江大于2.5%,贵州、湖南、四川为2%～2.5%,云南、吉林、江西、福建、广西为1.5%～2%,辽宁、广东、湖北、陕西为1%～1.5%,山东、安徽、河南为1%左右。

我国湖北省恩施市20世纪60年代初开始种植白肋烟,烟叶质量已经有相当高的水平。要求种植在土壤肥沃、有机质含量在 1.8%～2.2%的土壤上。重庆市和四川省在大巴山南麓的达县、万县种植的白肋烟土壤有机质含量为1.2%～2%。

我国晒晾烟品种繁多,资源丰富。优质的深色晒晾烟,颜色暗,油分充足,香气足,劲头大,燃烧性好,宜种在肥沃的土壤上,有机质含量为 1.2%～3%。吉林省延边市的晒红烟,种植在土壤肥沃的低山丘陵区,有机质含量达 4.74%以上。

山东省种植烤烟的土壤有机质含量低,高低变化很大,其范围值为 0.37%～1.83%,平均值为 0.85%;种植晒烟的土壤有机质含量也仅为 0.6%～1%。因此,该省烟区向土壤增施有机肥,培肥地力,提高土壤有机质含量,这是进一步提高烟叶产量和质量的重要措施。

(三)烟草优质栽培的土壤培肥措施

1. 土壤有机质的作用　土壤有机质含量是评价土壤肥沃程度的重要指标。在山东省一般认为土壤耕层有机质含量小于 0.5%的为低肥力水平,0.5%～1%为较低,1%～1.2%为中等,1.2%～1.5%为较高,大于 1.5%为高肥力水平。适宜的土壤有机质含量有利于烟草正常生长发育,获得优质的烟叶和适宜的产量。

(1)土壤有机质能改善土壤的物理性质　有机质可以有效地改善土壤的物理性质。对于粘性过强、土壤小孔隙过多的土壤,由于土壤有机质特别是腐殖质本身粘结性比土体中粘粒粘结性小,加上腐殖质均匀分布在土粒表面,减少了粘粒间的接触,可以显著地降低土壤的粘性,从而改善土壤通气性、透水性和耕作性。

对于砂质土,由于腐殖质的粘着性比砂粒大,富有小孔隙,吸水性极强,可以使砂质土粘性增强,增加小孔隙的数量,提高保蓄水分的能力。

土壤腐殖质为棕褐色或黑色,包被土粒后,可以增加土壤吸收热能的数量。同时由于腐殖质富含小孔隙,保持一定数量的水和空气,使土壤温度相对稳定,变幅不大,有利于保温,使移栽后的春烟迅速生长。

土壤腐殖质是良好土壤结构形成的基本物质。在土壤钙、镁和三价铁、铝离子的存在下,以这些离子为键桥,土壤腐殖质中胡敏酸与粘土矿物质结合,形成胡敏酸钙(镁)或胡敏酸铁(铝)微团粒结构。腐殖质以胶膜状包被于矿物质土粒表面,形成良好的土壤结构。

(2)土壤有机质是烟草所需营养元素的给源 土壤有机质是烟草所需各种营养元素的贮存库和给源。土壤腐殖质含烟草所需的大量元素氮、磷、硫和微量元素铁、锰、铜、锌、硼、钼等。

土壤全氮含量,一般随有机质含量的增加而增加。烟草吸收氮素的数量主要来自土壤,而土壤中的氮素绝大部分是有机态氮,一般占全氮量的95%以上。这些有机态氮素,在烟草生长期间,在微生物作用下,不断分解,矿化,转化成可供烟草吸收利用的速效态氮,成为烟草氮素的主要给源。

土壤有机质含有磷素。山东省植烟土壤有机磷占全磷量的24%～45%。有机态磷绝大多数难溶于水,需经过土壤微生物水解形成磷酸后,才能被烟草吸收利用。有机态磷比较起来容易分解,可以被看作是缓效磷。通常,土壤有机质含量多,速效磷也比较丰富。土壤有机质除了在自身分解时释放出速效磷外,在分解过程中,还产生有机络合剂,这些络合剂与磷酸铁、磷酸铝、磷酸钙等难溶性磷酸盐中的铁、铝、钙等起络合作用,把磷释放出来成为有效磷。

土壤含硫有机化合物是土壤有效硫的重要来源之一。有机态硫和含氮、含磷有机化合物一样,分解矿化过程受到土壤pH、湿度、温度、通气状况等因素以及有机质本身化学组成的影响。若土壤有机质组成中碳与硫的比值大于 300～400,微生物在分解过程中由于碳素供应充裕而硫素营养不足,就会吸收有机质释放出的硫素构成自身躯体,发生硫素的生物固定,从而减少了有效硫的数量。因此调节土壤的碳、硫比值是提高土壤有效硫的重要措施。

土壤有机质还富含铁、锰、锌、铜、硼、钼等微量元素。这些微量元素都能与有机化合物络合,对于复杂的络合物必须通过微生物分解,才能释放出微量元素供烟草吸收利用。

2. 提高烟田土壤有机质含量的途径

(1)增施有机肥料 向植烟土壤施入有机肥料,是增加土壤有机质含量并确保烟叶优质的有效措施。从烟草对土壤环境条件的要求看,向烟田施入饼肥是提高土壤有机质含量和提高烟叶品质的最佳途径。饼肥中含有大量的有机质、蛋白质、剩余油脂和维生素等成分,养分丰富,营养价值高,不含氯离子,是烟田的优质有机肥料。饼肥的营养成分因油料作物的种类和榨油方法不同而各具特色。

①豆饼:豆饼富含氮、磷、钾及其他营养元素(表 2-9),是目前山东省植烟土壤主要的饼肥来源,对提高烟叶香气质、香气量作用明显。

表 2-9　大豆饼理化性质统计结果

项　目	水　分 (鲜基%)	灰　分 (%)	pH	粗有机 物(%)	全氮 (%)	全磷 (%)	全钾 (%)	钙 (%)	镁 (%)
平均值	81.02	11.64	7.2	67.03	6.31	1.56	2.06	3.98	1.18
范围值	79.3~ 83.39	10.4~ 13.58	—	65.97~ 68.6	5.09~ 7.42	1.15~ 3.21	1.55~ 3.63	3.87~ 4.05	1.07~ 1.32
标准差	—	—			0.66	0.59	0.58		
变异系数					10.48	37.95	27.98		
样本数	3	4		3	10	9	10		

项　目	铜 (毫克/ 千克)	锌 (毫克/ 千克)	铁 (毫克/ 千克)	锰 (毫克/ 千克)	钠 (%)	硫 (%)	硅 (%)	氯 (%)
平均值	24.9	50.3	330.7	42.5	0.62	—	1.99	—
范围值	18.0~ 33.6	44.6~ 54.5	251.5~ 410.1	20.4~ 65.3	0.56~ 0.78	—	1.78~ 2.34	
标准差	6.6							
变异系数	26.6							
样本数	4	4	4	4	4	4	4	4

注:1. 水分鲜基(%)=(鲜基质量-烘干基质量)/鲜基质量×100

　　2. 养分含量均为烘干基

　②花生饼:花生饼养分含量与豆饼类似,富含氮、磷、钾、钙,含钾量比豆饼少(表 2-10)。

　③芝麻饼:芝麻饼中含磷量高于其他饼肥,含钾量低于豆饼,微量元素铜、锌、铁、锰含量均为饼肥之最(表 2-11)。

表 2-10　花生饼理化性质统计结果

项　目	水分(鲜基%)	灰分(%)	pH	粗有机物(%)	全氮(%)	全磷(%)	全钾(%)	钙(%)	镁(%)
平均值	74.63	16.25	8.7	65.85	6.88	1.37	1.21	2.37	1.37
范围值	71.4～76.5	14.73～18.44	—	62.72～67.42	5.42～7.63	1.15～1.88	1.02～1.40	1.98～2.59	1.15～1.74
标准差	—	—		—	0.67	0.24	0.15	—	—
变异系数	—	—		—	9.72	17.71	12.13	—	—
样本数	4	4		4	6	6	6	4	4

项　目	铜(毫克/千克)	锌(毫克/千克)	铁(毫克/千克)	锰(毫克/千克)	钠(%)	硫(%)	硅(%)	氯(%)
平均值	25.4	47.7	279.4	47.1	0.27	0.02	5.75	—
范围值	22.8～31.3	42.5～54.4	213.5～406.5	35.2～57.8	0.19～0.35	0.01～0.03	5.31～6.32	—
标准差	3.1	4.4	70.1	8.6	—	—	—	—
变异系数	12.2	9.3	25.1	18.2	—	—	—	—
样本数	5	5	5	5	4	4	4	4

表 2-11　芝麻饼理化性质统计结果

项　目	灰分(%)	粗有机物(%)	全氮(%)	全磷(%)	全钾(%)	钙(%)	镁(%)
平均值	17.82	70	5.55	3.26	1.51	3.45	1.45
范围值	17.13～18.51	—	5.05～6.05	2.86～3.65	1.41～1.61	3.42～3.47	1.37～1.53
标准差	—	—	—	—	—	—	—
变异系数	—	—	—	—	—	—	—
样本数	2	1	2	2	2	2	2

项 目	铜 (毫克/ 千克)	锌 (毫克/ 千克)	铁 (毫克/ 千克)	锰 (毫克/ 千克)	钠 (%)	硅 (%)
平均值	44.0	170.4	390.3	233.1	0.83	134
范围值	41.5~ 46.4	103.9~ 236.9	233.8~ 546.8	41.1~ 425.0	0.76~ 0.89	1.26~ 1.41
标准差	—	—	—	—	—	—
变异系数	—	—	—	—	—	—
样本数	2	2	2	2	2	2

　　饼肥中所含氮素主要是蛋白质形态,所含磷主要是有机态磷如植酸以及衍生物——卵磷脂等,所含钾大部分是水溶性的,用热水浸提可溶出油饼中 96% 以上的钾。

　　饼肥中含较多氮素,碳、氮比小,一般易于矿质化。但因常含有一定量的油脂,而且组织致密呈块状,影响分解速度,因此在使用前需经粉碎、发酵,以便尽早发挥肥效。饼肥的施用量以每公顷 450~1 125 千克为宜。

　　对于烟田是否要施入厩肥、粪肥等有机肥料来提高植烟土壤有机质含量问题,应采取慎重态度,这主要是由于这些肥料掺入畜粪尿,含有较多的氯化钠等盐类。在山东省等温带半湿润地区烟田施用,会增加土壤盐分含量,导致烟株吸收过多的氯离子而影响烟叶质量。而在我国雨水多的亚热带地区烟田可以考虑施用,这是由于雨水多,土壤淋溶强烈,土壤中氯离子不会发生累积,因而不至于使烟株吸收过多氯离子,对烟叶质量影响不大。

(2)施入腐殖酸肥料　腐殖酸氮、磷、钾肥,是有机无机复合肥料。腐殖酸是腐殖质的重要组成部分,是一种具有多种功能团的复杂的无定型高分子聚合物。它具有改善土壤理化性质,提高土壤缓冲性能的作用。可以调节和稳定土壤 pH,减少植烟土壤酸碱度的急剧变化,以利于烟叶品质的提高。腐殖酸与固磷元素钙、镁、铁、铝等络合后,可以活化磷素,减少磷的固定,促进磷的有效利用率,从而改进烟叶品质。腐殖酸的功能团还可以吸收和贮存钾离子,防止钾素随水流失,又可以防止粘性土壤对钾素的固定,从而提高烟株对钾的吸收利用。

有关试验表明,施用腐殖酸氮、磷、钾肥料的烟叶产量及经济效益比单纯施用饼肥高,烟叶化学成分、内在品质好,卷烟评吸结果基本相似,香气量稍突出。但施腐殖酸氮、磷、钾肥的烟叶燃后烟灰带黑,而饼肥烟灰灰白。腐殖酸氮、磷、钾肥料与单纯施用氮、磷、钾复合肥料相比,肥效好,烟叶均价、中上等烟比例提高。卷烟样品评吸及化学分析结果表明,施腐殖酸氮、磷、钾肥生长的烟叶化学成分比施复合肥的协调。

试验表明,腐殖酸氮、磷、钾肥中,氮、磷、钾的比例为1∶2∶3的肥效最好。在目前缺少饼肥的情况下,选择施用比较理想的腐殖酸肥料,既能获得饼肥的诸多使用效果,还能避免其他有机肥给烤烟生产带来的不利影响。

(3)施用微生物肥料　微生物肥料是以微生物生命活动而导致农作物得到特定的肥料效用的生物制品,通常也称做菌肥。在烟草上应用的微生物肥料有根瘤菌肥料、固氮菌肥料、磷细菌肥料、解钾菌类肥料、硅酸盐细菌肥料和复合菌肥料。对烟田施用这些微生物肥料,利用固氮、解磷、解钾菌的生命活动,不仅可以充分利用土壤资源,增进肥力,避免或减少大量施用化学肥料对烟田土壤结构的不良影响,而且还可以利用复合菌肥中的固氮放线菌产生的抗生素对烟草土传病害产生显著的防病作用。

20 世纪 90 年代以来,复合菌肥的研究和开发进展很快,以"田力宝"为代表的复合微生物肥料,开始在烟草微生物肥料中占据了主导地位,取代了单一的微生物肥料。

1991～1993 年茆寅生等在烟田施用"田力宝"的试验表明,该肥具有较强的固氮、解磷、解钾能力,肥效持久,对当茬作物有明显作用。并且与一定数量的复合肥配合施用,比单独施用复合肥,烤烟均价、产值、上等烟比例、烟叶香吃味都有明显提高。50 千克田力宝相当于 35～45 千克复合肥(氮∶五氧化二磷∶氧化钾=8∶8∶16)的肥效。

(4)秸秆还田 秸秆是物质、能量和养分的载体,是一项宝贵的自然资源。近几年来,秸秆剩余日益增加,利用秸秆还田提高植烟土壤的有机质含量是一项行之有效的措施。秸秆进入土壤后,腐殖化系数为 0.25～0.5,即有 25%～50% 转化成土壤腐殖质,可以明显地提高土壤有机质含量。但是植烟土壤不宜在栽烟当年把秸秆直接还田,一是由于秸秆碳氮比值大,分解缓慢,当季不能及时释放出大量有效氮,与烟草"少时富,老来贫,烟株长成氮退尽"的吸肥规律不相适应;二是由于秸秆本身不可避免地或多或少带有一些虫卵、病原菌等,秸秆直接还田时,这些虫卵、病原菌随之进入土壤系统,危害烟株生长。同时,直接还田的秸秆还会促进有害生物的繁殖。因此,推广秸秆还田技术,必须同时配套防治病虫害技术,采用秸秆堆沤还田为好。

秸秆堆沤时,温度可达 60℃ 以上,某些病原菌在此温度之上即被灭除。秸秆堆沤的方法以快速堆沤法推广应用较多。已经研制出的催腐制剂有"催腐剂"、"301 菌肥"和"HEM 菌剂"等。据山东省文登市农业局土肥站的试验资料,用"催腐剂"堆腐秸秆,微生物繁殖加速,堆温上升快,高温期维持时间长,秸秆腐烂快,堆肥质量高。堆腐第三日堆温即上升到50℃以上,最高温度达70℃,50℃以上高温持续15天以上,比常规堆肥多8天。夏季20天即能全部腐烂,有机质含量高达72.2%,碱解氮达1329毫克/千克,速效磷达1250毫克/千克,速效钾达5334毫克/千克,比常规堆肥分别提高54.9%、10.3%、76.9%、68.3%。同时在堆腐过程中,还能定向培养有益微生物,堆肥中的氨化细菌、钾细菌、磷细菌、放线菌数量比常规堆肥明显增加。另外,还对土壤真菌类病菌具有较强的杀灭、拮抗作用,能有效地防治作物真菌类病害,防治效果达48.3%。土壤施用秸秆堆肥不仅对改善土壤的理化性状、保水蓄墒有明显效果(表2-12),而且还能增加土壤中速效养分的含量(表2-13),尤其是速效钾的含量。

(5)烟肥轮作 实行烟草与绿肥作物轮作,符合用地养地相结合的原则。绿肥鲜草含有机质12%~15%,含氮0.3%~0.6%。绿肥翻埋可以增加土壤有机质含量,又可以改善土壤通气性、透水性、保水保肥性及耕作性质。绿肥根系发达,吸收利用土壤中难溶性矿物质养分能力强。绿肥主根可以深达2米以上,吸收利用深层养分,翻埋腐解后使土壤耕层养分相对富集,含量增加。

烟草与绿肥作物轮作有利于土壤水分均衡,减少烟草病虫害。在耕地少、烟田连作现象严重的情况下,这一轮作方式对烟草生产具有重要意义。

(6)施入土壤结构改良剂增加土壤肥力 土壤肥力指土壤水、肥、气、热的协调程度。我国植烟土壤长期片面重施化学肥料,不仅会使土壤有机质含量锐减,而且还会导致土壤物理

表2-12 不同方法沤制的堆肥对土壤理化性状的影响

处 理	1996年						1997年					
	容重(克/厘米³)		孔隙度(%)		含水量(%)		容重(克/厘米³)		孔隙度(%)		含水量(%)	
	数量	比ck增减	数量	比ck增减	数量	比ck增减	数量	比ck增减	数量	比ck增减	数量	比ck增减
1. 301菌剂	1.37	-0.05	47.0	1.8	16.0	1.0	1.31	1.10	49.0	3.8	17.2	2.0
2. HEM菌剂	1.37	-0.05	47.1	1.9	16.1	1.1	1.30	1.20	49.1	3.9	17.3	2.1
3. 催腐剂	1.39	-0.03	46.7	1.5	15.8	0.8	1.34	0.08	48.5	3.3	16.8	1.6
4. 常规方法	1.40	-0.02	46.1	0.9	15.4	0.4	1.38	0.04	47.2	2	16.2	1.0
5. 复合肥(ck)	1.42	—	45.2	—	15	—	1.42	—	45.2	—	15.2	—

表 2-13 堆肥对土壤养分的影响

处 理	1996年						1997年					
	速效氮(毫克/千克)		速效磷(毫克/千克)		速效钾(毫克/千克)		速效氮(毫克/千克)		速效磷(毫克/千克)		速效钾(毫克/千克)	
	数量	比 ck 增减	数量	比 ck 增减	数量	比 ck 增减	数量	比 ck 增减	数量	比 ck 增减	数量	比 ck 增减
1. 301菌剂	79.8	6.0	9.1	1.3	57.5	10.3	90.1	14.5	10.5	2.4	75.7	26.7
2. HEM菌剂	80.0	6.2	9.0	1.2	58.0	10.8	90.2	14.6	10.5	2.4	76.0	27.0
3. 催腐剂	78.8	5.0	8.4	0.6	55.3	8.1	89.2	13.6	10.1	2.0	74.9	25.9
4. 常规方法	76.1	2.3	8.0	0.2	50.8	3.6	83.8	8.2	9.0	0.9	61.2	12.2
5. 复合肥(ck)	73.8	—	7.8	—	47.2	—	75.6	—	8.1	—	49.0	—

性状恶化,主要表现在团聚体数量和质量的下降以及土壤通气状况的退化,严重影响了烟草的产量与品质。最近几年,研制出了高效低用量土壤结构改良剂,随着使用方法的改进和使用成本的下降,土壤结构改良剂的应用前景越来越广阔。

①土壤结构改良剂的应用效果

一是改善土壤结构。土壤结构改良剂能有效地改善土壤团粒结构,减小土壤容重,增加总孔隙度。西南农业大学曾觉廷的研究证明,土壤改良剂能使分散的土粒形成微团聚体,进一步形成团聚体,不仅能增加土壤中水稳性团聚体的含量,而且显著提高团聚体的质量。结构改良剂在促进团粒结构形成的同时,还提高了土壤总孔隙度,降低了土壤容重。紫黄泥土施用 0.4% 的 PAM(聚丙烯酰胺)和 0.1%VAM(乙烯胺)后,土壤中大于 50 微米的孔隙度分别是 18.3% 和 11.7%,而对照仅有 7.7%。最近,山西省农业科学院土肥所研究了粉煤灰的改土效应,试验结果表明,土壤施入粉煤灰后,可以降低容重,增加孔隙度,调节三相比,提高地温,缩小膨胀率,明显地改善了粘土的物理性状。

二是提高土壤蓄水保水能力。西南农业大学陈萌在紫色土上的试验证明,PAM 和 VAM 均能提高土壤持水量和释水量,增大土壤吸持水分对植物的有效程度。王文志在土壤结构改良剂覆盖改土作用的研究中指出,施用沥青乳剂后,在 0~15 厘米和 1 米的土层内,土壤含水量分别增加 19.33%~27.44% 和 10%。在蒸发的 3 个阶段中,沥青乳剂具有抑制水分蒸发的效果,抑制率达 14.7%~32.3%。

三是提高土壤温度。沥青乳剂可以提高地温。有试验证明,施用沥青乳剂后,在 1 天内或 1 年内土壤温度均高于对照,日平均增温 2.1℃。宋立新等研究证明,施用沥青乳剂增高耕层地温,较对照高 0.8~1.5℃。

②土壤结构改良剂的使用方法:最新的研究证明,土壤结构改良剂必须在将土壤耙细晒干的前提下,溶于水施用,才能达到最好的改土效果。

第三章 烟草的需肥、吸肥特点

一、烟草不同生长时期对营养元素的需求

烟草在生长发育过程中,必须吸收一定数量的无机营养。只有足量和适时地供给无机营养,才能使烟株生长协调,获得理想的产量和品质。干物质的含量常被用来度量烟株生长的状况。烟株在田间生长发育过程中,干物质的持续增长使烟株缓慢而有规律地生长,才是形成高品质烟叶最理想的状态。这就必须注意科学地供给无机营养。

烟草吸收的无机营养元素包括氮、磷、钾、钙、镁等。在这些元素中,以氮、磷、钾的需要量最大,称为三要素,是烟草生长发育最基本的物质。

烟株从移栽到叶片收获的整个生长发育过程,大体可以分为团棵期(移栽后 30 天内)、旺长期(移栽后 60 天内)和工艺成熟期(移栽后 90 天内 3 个阶段。这 3 个生长阶段烟株的生长特点不同,决定了其对营养元素的需求量也不尽相同,这可以从烤烟大田生育期干物质的累积量(表 3-1)上体现出来。

表 3-1　烤烟大田地上部分干物质的累积　（10 005 株/公顷）

项目		移栽后的天数						
		0	21	35	49	63	77	91
北方烟区	干物质重量 （千克/公顷）	13.5	33.00	436.50	939.0	2119.50	2841.0	3304.5
	占总重（%）	0.4	1.00	13.20	28.4	64.10	86.0	100.0
	累积量（千克/ 公顷）	—	18.00	418.50	502.5	1179.00	723.0	462.0
	累积强度（千 克/公顷·天）	—	0.90	29.00	35.7	84.30	51.6	33.0
南方烟区	干物质重重 （千克/公顷）	10.5	54.00	279.00	1018.5	2095.50	3100.5	3600.0
	占总重（%）	0.3	1.50	7.80	28.8	58.20	86.1	100.0
	累积量（千克/ 公顷）	—	43.50	225.00	739.5	1077.00	1003.5	495.0
	累积强度（千 克/公顷·天）	—	3.15	16.05	52.8	76.95	71.73	36.0

注：此表系 1986 年资料

3 周内植株积累的干物重很少,只占全部干物重的 1% ～ 1.5%,累积强度每公顷每天不到 7.5 千克,说明移栽后 3 周内植株尚处于缓苗阶段,对营养元素的需求量有限。

移栽后 22～35 天为团棵期,地上部分干物质累积量占总产量的 13%～15%,累积强度为每公顷每天 15～30 千克,说明此时仍以长根为主,还属基础生长阶段,对营养元素的需求量不大。

移栽后 36～49 天,烟株干物质累积速度不断加快,北方和南方烟区的累积分别达到 495 千克/公顷和 750 千克/公顷,累积强度分别为 36 千克/公顷·天和 52.5 千克/公顷·天,这是旺盛生长的前期,对营养元素的需求量开始增加。

移栽后 49～63 天,南、北烟区进入烟株的旺长高峰期,干物质的累积量分别达到 1080 千克/公顷和 1 170 千克/公顷，累积强度分别为 76.5 千克/公顷·天和 84 千克/公顷·天，说明对营养元素的需求量也达到最大，此时如果不能提供充足的无机营养，则烟叶的产量和品质就会受到很大影响。

移栽后 64～77 天，此时为旺长后期，北方烟区烤烟的干物质累积速率已从高峰期的每天 84 千克/公顷降到 51 千克/公顷。

移栽 77 天后，烟株基本定型，进入成熟阶段，对营养元素的需求也降至最低，此时氮素的供给必须停止，否则会造成烟株贪青晚熟，使烟叶品质下降。

二、烟草不同生长时期对营养元素的吸收

（一）烟草对营养元素的吸收进程

烤烟移栽后，氮、磷、钾等营养元素吸收的进程，一般随着地下部分的生长，各种营养元素的吸收量缓慢增加。当烟株茎的节间细胞开始伸长时，即进入旺长期，烟株对各种营养元素的吸收量开始急剧增加，氮素每日的吸收量在现蕾期前达到了高峰。钾素每日吸收量达到高峰的时间比氮素晚 10 天左右。氮、钾养分吸收达到高峰后，急剧下降，降至一定水平后再缓慢下降。烤烟对磷素的吸收过程比较平稳，除移栽至团棵时上升较缓慢外，旺长至成熟期的吸收量增减变化也比较小（图 3-1）。

（二）烟草对营养元素吸收升降与烟叶品质的关系

烤烟不同生育期对氮、磷、钾等营养元素的吸收升降经过状况，对产量品质的影响极大，尤以氮素的吸收经过状况的影响最为显著。氮素吸收总量多少，与产量品质相关，而在大体适宜的吸氮总量范围内，在团棵期、旺长期和成熟期吸氮数量

的比例不同,对品质的影响更大,这就是在同等吸氮量、同等产量时烟叶品质差异甚大的原因。

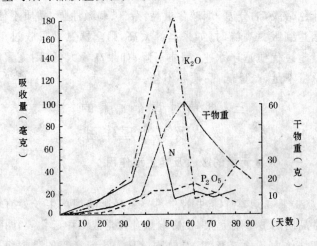

图 3-1 烟草的养分吸收与干物质的增长

1. 优质烤烟氮素的吸收过程 要求在现蕾时(栽后 55～65 天)达到高峰,如果高峰出现时间提前,则容易出现下部叶片生长过分肥大,而上部叶片过小,烟株长相呈塔形。如果达到高峰的时期推迟,则容易出现下部叶片氮素营养水平偏低,叶片生长偏小,而上部叶片氮素营养水平偏高,叶片生长过大,烟株长相呈伞形。

2. 吸氮量下降速度的影响 达到吸氮高峰后,吸氮量如果下降过快,由急剧降低至保持缓慢下降时的水平太低,则成熟期全株氮素营养水平偏低,上部叶片开片不良,生长瘦小,烟株长相呈塔形,叶片成熟过快,难以达到工艺成熟。烤后叶色淡、油分差、香味淡,烟碱含量低,品质不佳。

如果在吸氮高峰后,吸氮量下降缓慢,降至缓慢下降时的水平太高,则成熟期氮素营养水平过高,上部叶片生长过分肥大,烟株长相呈伞形,叶片成熟迟缓,严重时不能落黄成熟。烤后叶色暗淡,油分差,烟碱含量高,杂气、刺激性强,品质不佳。烤烟达到吸氮高峰时,如果高峰太高,则全株氮素吸收过量,产量超过优质适产水平,品质下降;如果高峰太低,则氮素吸收总量不足,产量低,品质亦不佳。

三、烟草对营养元素的 吸收及其生理作用

(一)大量元素的吸收及其生理作用

1. 氮　素

(1)氮在烟草营养中的作用　氮是影响烟草生长发育和产量品质的最重要元素,在影响烟叶化学成分中起主要作用,是烟株体内各种氨基酸、蛋白质、烟碱、叶绿素等的重要组成物质。氮供给充足时,烟株可合成较多的蛋白质,促进细胞分裂和增长,叶面积增大较快。氮能明显增大叶片长度,相对增加叶片宽度。由于叶面积增加,有利于干物质的积累,因而产量增加。氮对叶面积影响最大的生育阶段,是在叶片长出之前,也就是在细胞分裂的活跃期。因此,在烟株生长的前期供给充足的氮素营养是最重要的。

氮素供应不足,虽对烟株生长的总叶数影响不大,但由于营养不良,茎秆细弱,不能正常开秸开片,叶色淡,成熟期推迟,影响烤后品质。缺氮时叶片中含氮低,烟碱含量下降,糖含量增高。移栽后缺氮现象出现的越早,糖碱比越大,影响烟气质量。氮素供应过量,会造成体细胞肥大,细胞壁变薄,叶片易受病害的侵染。过量的氮素能延长蛋白质的代谢过程,使营养生长期拖长,叶片落黄迟缓,贪青晚熟。

(2)烟草对氮素的吸收 氮在土壤中移动性很强,被烟株吸收和转移也快。用 ^{15}N 标记证明,从根部吸收的氮,在 72 小时之内即被结合到叶内的蛋白质中。不论氮从根部还是从叶部进入烟株,2~3 天内都均匀分布于烟株各器官。喷洒到烟草叶片上的氮,在 6 小时内即分布到所有器官。氮在烟株体内不断地移动,一般来说,从底部叶到顶部叶,总氮含量是逐步增加的。试验证明,标记的氮总是从施用部位首先移动到生长器官,然后便均匀地分配到整个烟株。有相当多的标记氮转移到老叶片中,即使衰老叶片也有氮的消耗,在衰老叶片中,氮可以快速结合到蛋白质中。一般认为,在烟株所有活器官中,包括老叶和黄叶都有氮素的不断流入、流出。

(3)氮素形态对吸收的影响 氮素形态不同,代谢过程也不同。铵被吸收后与低分子碳水化合物结合,生成谷氨酰胺、天门冬酰胺和丙氨酸等,然后再转化为其他含氮化合物。体内碳水化合物代谢状况直接影响 NH_4^+ 的多少,影响铵的同化。生长初期,由于地上部分合成的碳水化合物少,根系含有的低分子有机酸量少,如果吸收 NH_4^+ 离子过多,烟株会出现铵中毒现象,下部叶片变黄,新生叶片浓绿,根变褐色,烟株瘦弱。硝态氮被吸收后,在一系列还原酶的作用下,以 $NO_3^- \rightarrow NO_2^- \rightarrow NO \rightarrow NH_3 \rightarrow NH_4^+$ 的程序还原。烟株生长发育进入中期以后,铵态氮和硝态氮同样都能被吸收利用。

烟株对铵态氮和硝态氮形态反应的差异,主要在于从氨到硝酸盐转化的程度和速度,在较慢的转化条件下,铵态氮作为氮源比硝态氮适用性较差。在供给铵态氮的烟株中,钾由根到叶的转移较供给硝态氮的慢,这是由于铵对离子吸收的竞争性与钾相似,相互影响。铵对烟株顶部器官的离子积累有抑制作用,这是由于它对运输机制产生了不利影响。

2. 磷 素

(1)磷在烟草营养中的作用　磷在烟草生长发育过程中起着重要作用,是新陈代谢的调节剂,能加大花芽分化和叶片的形成。在幼嫩叶片中,30%的磷在RNA(脱氧核糖核酸)中,叶片中70%的RNA在细胞液中。光合作用、磷酰化作用及氮代谢的有关过程使磷成为烟株生长中最基本的营养元素。磷对烟株生长的前期影响较大,早期供给充足的磷是很必要的。磷参与糖类、含氮化合物和脂肪的代谢,是核酸、蛋白质、磷脂和植素等多种物质的成分,大量积累在种子中,供幼苗生长的需要。磷对烟草生长发育最明显的作用是有利于叶片的成熟,可改善烟叶烤后的颜色。

(2)烟草对磷的吸收　磷被吸收后,在根内转化为有机态磷,并很快被输送到整个烟株中,向生长最旺盛的部位移动积累最多。烟株生长初期吸收的磷,在体内能够自由移动,均匀地分布于整个烟株和各个部位。团棵和旺长期吸收的磷,70%分配于叶片和芯部,而且上部叶多于下部叶。打顶后烟株体内磷素充足时,吸收的磷能均匀地分配到各个部位的器官中。磷不足时,则主要累积在根系中,多时占被吸收磷总量的55%～60%。

磷素供应不足,根系和幼叶生长受抑制,造成烟株生长缓慢,叶子卷曲,碳水化合物的合成、蛋白质的分解和运转受阻,脂肪类的合成受影响,叶绿素的分解不协调,叶色呈现浓绿或暗绿,推迟成熟期。磷在烟株体内易于移动,不足时,衰老组织中的磷向新生组织中转移。因此,缺磷症状首先出现在下部叶片,叶面发生褐色斑点,逐步向上部叶片扩展。生长前期缺磷,烟株瘦小,抗病抗逆力明显下降。后期缺磷,烤后叶片色泽暗。严重缺磷时,会造成叶片的氮和镁含量降低,叶片容易脱落。

3. 钾 素

(1)钾在烟草营养中的作用　钾与氮、磷不同,它不参与烟株体内重要有机物质的合成,但它是许多酶的活化剂,能加大光合作用的强度,加快碳水化合物的代谢。钾素营养充足时,烟株体内木质素、纤维素含量增加。钾是烟草吸收矿物质元素中最多的元素,是灰分的重要成分。它能影响水溶性灰分的碱度,成为改善烟叶持火力的重要因素,常被用来作为评价烟叶燃烧性好坏的指标。由于钾显著改善燃烧性,改进烟叶香吃味及品质,对提高烟叶可用性起重要作用。烟草对钾的需要量很大,一般认为是氮的 2 倍,磷的 2.5 倍。试验证明,在烟株生长发育过程中,已供应充足的钾后,再增施钾肥仍能继续改善烟叶品质。在生产实践中,钾肥的施用量常常是超量的。在山东省烟区,自 20 世纪 80 年代以来,烟田施用的钾肥一般是氮肥的 2～3 倍。钾还能影响氮素的代谢,提高烟株对氮素的吸收和利用。在烟株体内,钾主要以离子态存在,移动性很强。缺钾时首先出现在下部叶片,细胞失水,叶绿素破坏,先从叶尖部开始,颜色变黄,逐步向边缘扩延,严重时破碎枯萎。

(2)烟草对钾的吸收　烟株对钾的吸收,与交换性钾的动态和土壤溶液中钾的浓度关系密切。在烟株生长期间,可交换性钾变化很小。在施肥后第一个月内,由于土壤溶液中钾的浓度很高,烟株对钾的吸收增加。1 个月后,钾浓度降低,烟株吸收钾的速度减慢。钾被吸收以后,很快向烟株各部位输送,尤以向新生器官移动较多。在供钾充足时,下部叶片吸收钾的量高于上部叶片。当供钾量不足时,上部叶片吸收钾的量高于下部叶片。

4. 钙 素

(1)钙在烟草营养中的作用　钙和钾虽然都是金属元素,

但它们的性质和作用不同。钙与硝酸态氮的吸收、同化还原以及碳水化合物的分解合成有关。烟株缺钙会造成生理生化紊乱。钙还能防止其他离子,如镁、锰等含量过多的毒害,是根系发育和根毛正常生长不可缺少的元素。烟株缺钙,根尖停止生长,根系发育不良,顶芽向下垂,随后叶缘、叶尖破碎。缺钙症状多出现在幼嫩叶片和根尖部。钙的缺乏还会造成烟株组织中游离氨基酸增多,抑制蛋白质的合成,或使某些组织中的蛋白质分解,新生组织失绿发黄变白,甚至脱落。钙过多时,会抑制烟叶成熟转色,形成徒长,贪青晚熟,对品质不利。

(2)烟草对钙的吸收 钙以离子状态被吸收,在烟株体内不容易移动,一部分形成难溶性盐,一部分与有机物质结合,以不溶性盐状态存在,主要分布在老叶或老的组织和器官中。钙在烟叶中的含量仅次于钾,在 1.5%～2.5% 的范围内,是构成灰分的主要成分之一。合理的钙含量、钾/钙＋镁比值和钙/镁比值是优质烟叶所必需的。烟株吸收的钙素,一部分参与细胞壁的构成,其余的部分以草酸钙、磷酸钙等形态分布在细胞液中。

5. 镁 素 镁是叶绿素的重要组成成分,直接参与光合作用,在碳水化合物的代谢中,是多种酶的活化剂。镁不仅以离子状态存在于细胞液中,还与蛋白质、胶质、果胶酸等结合存在于细胞液里。镁素营养缺乏时,叶绿素的合成受阻,导致叶片光合强度降低,同时叶绿体内类胡萝卜素含量下降。镁在烟株体内容易移动,当镁素营养不足时,生理衰老部位组织中的镁向新生部位的组织移动。缺镁多发生在旺长期,症状首先出现在下部叶片,叶绿素被破坏,开始时虽叶脉周围仍保持绿色,但叶缘、叶尖变黄变白,严重时整个叶片变黄白色。随着缺镁症状的发展,逐步向上部叶片扩延,烟株瘦弱,发育不良,上部叶窄小细长。正常烤烟干叶中的镁含量为 0.4%～1.5%，低于 0.2%就会出现缺镁症状。

6. 硫 素 硫在烟株生长发育中起重要作用，是合成蛋白质不可缺少的元素。蛋白质中的胱氨酸、半胱氨酸、蛋氨酸中都含有硫。另外，维生素、生长素、辅酶 A、辅酶 H 等也含有硫。硫不足时，烟草生长发育不良；硫过高时，会导致烟叶燃烧性降低，香吃味下降。

（二）微量元素的吸收及其生理作用

1. 硼

(1)硼在烟草营养中的作用 硼是烟株正常生长发育必需的微量元素，它参与蛋白质代谢、生物碱的合成和烟株体内物质的输导，对细胞壁的形成和细胞分裂有促进作用，并有提高光合效率的作用。烟叶缺硼时，糖将较多地转化为淀粉，使香气和吃味变差。缺硼时糖类不能运输到生长点，引起死亡，使叶基部分产生断落或下披叶，而未死部分继续生长使烟叶呈扭曲或绞曲状，严重时烟茎的上部也可能发生绞曲状，上部烟叶变成暗绿色，发脆，叶尖向下卷翻。曹志洪等(1989)指出，当土壤速效硼含量小于 0.5 毫克/千克、烟株含硼(水溶硼)小于 20 毫克/千克时，发生缺硼症状。烟株中钙硼二元素含量的比率，可作为判断硼的供给情况的指标。钙的供给增多时，烟株需要更多的硼；钙的供给减少时，烟株对硼的供给水平的反应变得更为敏锐。正常生长的烟株，钙硼比是 1 340：1；假若钙硼比是 1 500：1 时，便会发生缺硼症状。

(2)烟草对硼的吸收 烟草的硼含量很低，烟叶中正常的硼含量是 20～50 毫克/千克。烟株体中约有 50%的硼集中在细胞壁和各细胞间的空隙里，在这里同时集中了 70%的钙。在正常细胞 pH 值下，弱酸 H_3BO_3 和单价硼酸盐离子

$B(OH)_4^-$ 是主要的存在形式,硼并不与酶结合,也不进入大分子结构中。烟株吸收硼的主要形态为 H_3BO_3。硼由土壤溶液向根系表面的迁移过程主要是依靠扩散,其次是质流。根系对硼的吸收既有主动过程,又有被动过程。Kakie(1964)的研究表明,烟草植株在生长的各个阶段对硼的吸收是不同的,到现蕾和打顶时达到最大值。蒸腾作用对硼的运输起决定作用,硼主要在木质部运输,这就是硼在叶尖和尖缘积聚的原因。与钙一样,硼实际上不存在于韧皮部汁液中。

2. 锌

(1)锌在烟草营养中的作用 锌是烟株体内某些氧化还原酶的激活剂,也是色氨酸不可缺少的组成成分。烟株缺锌时,细胞内氧化还原过程发生紊乱,首先表现为生长缓慢,烟株矮小,叶面皱褶,叶片扩展受阻。严重缺锌的烟株,顶叶簇生,叶片小,叶面皱褶扭曲,下部叶片脉间出现大而不规则的枯褐斑,老叶失绿,随时间推移枯褐斑逐渐扩大,组织坏死。一般强石灰反应的钙质土,由于土壤中含钙多,因钙离子的拮抗作用而容易发生锌素营养不足症状。另外,施用磷肥也可诱发烟株缺锌,其原因是多方面的:①施用磷肥促进烟株生长而产生稀释效应;②随磷施用而带入的阳离子抑制了锌的吸收;③由于磷、锌不平衡而引起的植物代谢失调;④植株中磷浓度的增加使锌的输送速度减慢。

(2)烟草对锌的吸收 烟叶内锌含量为 20～50 毫克/千克,Adamu 等(1989)的研究表明,烟叶中锌、锰含量与土壤中锌、锰含量呈显著的正相关关系,但是与土壤 pH 呈显著的负相关关系。烟株对锌的吸收是个主动过程。温度对于锌的吸收有很大影响,当温度降低时,烟株对锌的吸收减少,所以早春更容易缺锌。

3. 锰

(1)锰在烟草营养中的作用   锰是烟株体内多种氧化酶的组成部分,在体内氧化还原代谢中起重要作用。锰素在体内不易移动,当锰素营养不足时,首先在新生的嫩叶出现缺绿症状,其症状与缺铁的黄白化不同。缺锰时,叶脉仍保持绿色,鲜叶叶面外观呈绿色窗纱网状。严重缺锰时,叶面亦会出现枯斑。烟株吸锰过多时,多余的锰在叶片输导组织末端沉积,烘烤时,从叶表皮组织渗出,在干叶叶面形成细小的黑色或褐黑色煤灰样小点,沿着叶脉附近的叶面连续排布,致使叶面外观呈灰色至黑褐色。吸锰过多症状多发生在烟株的中下部叶片。

(2)烟草对锰的吸收   烟草是需锰较多的作物之一,烟叶中含锰约80毫克/千克,烟根中含锰约28毫克/千克。在烟株体内,锰有两种存在形式,一种以无机离子状态存在(主要为Mn^{2+}),另一种则与蛋白质(包括酶蛋白)牢固地结合在一起。锰主要存在于叶和茎中,叶绿体中含锰较高。锰由扩散和质流方式由土壤溶液到达根系,这种供给速度受土壤溶液中锰浓度的影响,而土壤溶液中的锰浓度又受 pH 和 pE(氧化还原电位)的控制。烟株对 Mn^{2+} 的吸收速率低于其他二价离子(如 Ca^{2+}、Mg^{2+}),并受它们的影响。烟株根系也会影响锰的吸收。烟株根系分泌物把 Mn^{4+} 还原成 Mn^{2+},并把 Mn^{2+} 络合,使它更易为烟株吸收,这种影响在 pH 低于 5.5 的土壤中更为明显。叶面喷施锰化物可以消除作物的缺锰症状,证明锰有可能在韧皮部中进行输送。

4. 铜   烤烟含铜量为 14.9～21.1 微克/克。铜是细胞某些氨基酸与氧化酶的组成成分,参与体内的氧化还原代谢。铜离子能使叶绿素保持稳定,能增强烟株对真菌病害侵染的抗性。铜在烟株体内不易再利用,多分布在生长活跃的幼嫩组织中,因此缺铜时首先表现在上部叶片上,沿主脉和支脉两侧出现半透明状泡斑,叶色失绿,顶部新叶黄化,生长缓慢。铜对烟叶产量和品质都有促进作用,能促进烟株根系发育,增加烟碱的合成,能使烟叶成熟均匀,提高上等烟比例。

5. 铁 铁主要分布在细胞叶绿体内,参与叶绿素的合成过程,同时也是与呼吸有关的细胞色素酶类的组成成分。铁素营养缺乏时,叶绿素的合成受阻。由于铁在烟株内不易移动,所以缺铁症状首先在生理幼嫩的组织出现,其症状为叶色变黄,并渐次黄白化。烟株吸铁过多时,铁容易在叶细胞中沉淀,烘烤后,含铁化合物从叶肉细胞渗出到叶面,使叶面呈现出不鲜明的污斑,全叶呈灰色至灰褐色。

土壤中含有较多数量的铁,在长期干旱的碱性土壤上,由于烟株能吸收的低价铁被大量地氧化成不溶性的高价铁,烟株难以吸收,容易出现缺铁症状。排水不良和通气状况不好的土壤,难溶性的高价铁被大量还原成易溶性的低价铁,就容易发生烟株吸铁过多而出现吸铁过多症状。吸铁过多的症状大多在烟株的中下部叶片发生。

6. 钼 烟草中含有微量的钼元素,它的主要生理功能是固氮酶和硝酸还原酶的组成成分,起着电子传递的作用,在烟草的氮素营养中有一定地位。缺钼时,由于硝酸还原酶合成受阻而使烟株体内积累大量硝酸盐,影响蛋白质合成。烟草缺钼,烟株生长缓慢矮小,根系弱,幼叶上有坏死区域,老叶边缘由黄到白,在脉间有小坏死斑,一般是叶皮皱缩呈波浪状。

7. 氯

(1)氯在烟草营养中的作用 氯具有提高细胞渗透压的作用,使叶片的平衡水分增加,水溶性灰分的碱度降低。氯还有促进参与光合作用,提高碳水化合物的合成,增加烟株抗病抗旱能力的作用。一般认为烟叶中含有 $0.3\%\sim0.5\%$ 的氯是比较理想的,烟叶质地柔软、具有弹性和油分,膨胀性好,切丝率高,破碎率低。含氯量小于 0.3% 时,烟叶干燥粗糙,易破碎,切丝率低;当含氯量大于 0.6% 时,烟叶质量明显下降;超过 1% 时,叶片内碳水化合物分解受阻,淀粉发生不正常的积累,鲜叶叶色浓绿、肥厚、质脆、田间落黄成熟迟缓甚至不落黄。烘烤过程中,叶片脱水缓慢,叶绿素不能及时分解,叶细胞内淀粉降解为单糖的过程不协调。烤后干叶叶面呈暗灰色,严重时呈暗绿色,而主脉与支脉呈灰白色,干叶常带有海藻样腥味,外观及内在品质极其低劣,同时干叶贮藏时容易发生吸水发霉而不易陈化保管。

(2)烟草对氯的吸收 烟株对氯的吸收是以氯离子状态进行的,而且属主动吸收过程,温度、光照及同化作用抑制剂都能明显影响氯的吸收,光照充足时能大大促进烟株的吸氯过程。烤烟吸收氯的另一途径是叶面气孔吸收空气中的氯,但其数量不占主要地位。随着土壤 pH 值的提高,烟株吸氯量相应减少,氯中毒症状也随之减轻,这是与硝态氮抑制对氯的吸收、铵态氮促进氯的吸收有关的。干旱使烟株吸氯增加,雨量充沛可降低烟株的吸氯量。一方面干旱时土壤表层的氯积累量增加,有大量可供吸收的氯;另一方面烟株增加吸氯是其生理需要,即增加细胞的膨压和水势,以吸收利用更多的水分。氯被根部吸收后向上运输,下部叶片含氯量高于上部叶片。

第四章　烟草的施肥技术

烟叶是卷烟工业的原料,不仅要求适宜的产量,而且要求有较高的质量和协调的化学成分,达到香气充足,吃味醇和,杂气少。要获得高质量的烟叶,烟田土壤的养分状况,无论是数量还是变化的动态过程,如不能满足烟草优质适产栽培的要求,就要采取施肥措施来补充和调节烟株各生育阶段养分的供应状况。

烟草施肥较其他作物复杂,必须根据烟草不同的类型、品种、栽培的环境条件、用途和烟草本身的营养特性来确定。

施肥的目的,除在数量上保证烟株能得到充足的营养元素外,还要把产量控制在获得优良品质烟叶的范围内。这就需要在施肥技术上做到供给的养分在数量、时期安排、主要养分的配合比例等方面,符合形成优良品质烟叶的需肥规律。

一、施肥原则

(一)适施氮肥,氮、磷、钾比例适合

目前,氮磷钾三要素仍是施肥中最主要的问题。氮肥是烟草生长发育和决定产量品质的基本条件,但施用量超过一定范围,随着用氮量的增加,产量虽然还能够提高,而质量则随着用氮量的增加而严重下降,因此氮素营养必须适当。钾是烟草无机营养中吸收最多的一种元素,而且对品质的影响也很大,特别是当土壤氮素丰富时,更要求有丰富的钾素供应。从多年的试验结果看,钾肥过量施用,对品质无不良影响。有数据表明,除满足最大产量所需要的钾量以外,再增施钾肥可能

会继续改善烟叶品质。烟草对磷的吸收虽然比氮、钾少得多，但由于施用的磷肥容易被土壤固定，磷在土壤内不容易移动，以及土壤缺磷严重等因素，所以烟叶生产上施用的磷肥往往是氮素用量的 1～2 倍。

历史上驰名中外的许昌烟，20 世纪 50 年代烟叶产量不高，但品质较好。当时土壤氮素含量较低，磷、钾比较丰富，氮、磷、钾比例符合优质烟的要求。以后农田大量使用单一氮肥肥料，作物产量大幅度提高，土壤中的磷、钾大量消耗，比例严重失调，而且烟草本身由于盲目追求高产，多施氮肥，忽视磷、钾的补给，结果产量提高了，而品质严重下降。从河南襄城县乔庄、贾庄、朱庄三个不同类型的土壤化验结果可以看出，从 1963 年到 1978 年土壤氮素含量增加了 2 倍多，而磷、钾含量却大幅度地下降了。其结果是，烟叶产量虽然有所提高，但质量却严重下降，尤其是上等烟的比例下降幅度更大（表 4-1，表 4-2）。

表 4-1　不同年份土壤养分变化

年　份	氮 （毫克/千克）	五氧化二磷 （毫克/千克）	氧化钾 （毫克/千克）	氮：五氧化 二磷：氧化钾
1963	24～27	22～35	350～370	1：1.3：14.1
1973	80～90	8.6～16	70～85	1：0.14：0.9

表 4-2　土壤养分变化与烟叶产量、质量的关系

| 年份 | 速效养分(毫克/千克) | | | 施肥量(千克/公顷) | | 烟叶产量、质量 | | |
	氮	五氧化二磷	氧化钾	堆肥	饼肥	产量(千克/公顷)	均价(元/千克)	上等烟(%)
1964	27	35	380	37500	600	3075.0	1.57	30.5
1978	85	8.6	85	60000	750	4950.0	1.22	3.5

　　进入 20 世纪 80 年代以后,随着观念的更新,市场的需求变化,由单一要求高产转变为以质量为前提,提高产量为目标,做了大量的试验和生产示范,证明烟田增施磷、钾肥效果很好,特别是氮水平较高的烟田,效果更加明显。晒烟和白肋烟的氮素供应原则与烤烟大体相同,但晒红烟(如栖霞晒烟、沂水绺子)在打顶后,仍要求有较高的氮素营养,才能获得优良的品质。所以,供氮原则是前中后期都要充足。香料烟是对氮素施用量特别敏感的类型,在整个生长发育过程中都要控制生长,叶片不能过大,氮素吸收不能过量,而且不进行打顶,使顶部花器官消耗一部分氮素营养,防止上部叶片开大。在香料烟施肥上,必须严格控制氮素营养,适当施用磷钾肥,才能获得优良品质。

　　(二)基肥与追肥、有机肥与无机肥适当配合

　　关于基肥与追肥、有机肥与无机肥配合的问题要考虑 3 个因素。

　　1. 土壤结构和性质　土壤粘重,保肥力强的,要以基肥为主,尽量少施追肥,以免烟叶成熟期土壤残留肥料过多,影响成熟。这类土壤的温度回升慢,分解有机肥的速率慢,加之一般含有较多的有机质,应少施有机肥,多施化肥。而保肥能

力差的砂质土壤,要增加追肥数量的比例。对砂性特别强、易漏肥的土壤,除增加追肥的比例外,还要增加追肥的次数,以满足烟叶圆顶和成熟的需要。同时这类土壤要增加有机肥的用量,以便改良土壤结构,增强保水保肥能力。

2. 气候特点 在雨水少的烟区要重施基肥,少施甚至不施追肥。例如黄淮烟区,近几年有 1 次施足基肥,不再施追肥的做法,效果很好。而雨水较多的烟区,要增加追肥的比例和次数。如我国南方烟区有的地方在烤烟大田生长期有追 2～3 次肥料的习惯,追肥量达基肥的 30% 以上,这样既能够达到经济施肥的目的,又能满足烟叶整个生育期的需要。同时这些地区多施用一些有机肥,不但不影响烟叶的成熟采收,而且还能提高保肥能力,减少肥料流失。

3. 土壤有机质含量 烟田土壤含有适量的有机质是形成优质烟叶的重要因素。烤烟要求土壤有机质含量不宜太高。1964 年国务院工作组在河南襄城县调查,生产优质烟叶的土壤有机质含量定为 1.3%～1.5%。超过 1.5% 时最好单施化肥,不施有机肥,或少施有机肥。世界主要产烟国家烟田土壤有机质含量高于这个指标,因此他们是不主张在烤烟生产的当季施用有机氮肥的。而我国北方烟区多数土壤有机质含量远低于 1.3%,特别是覆膜后的连作烟田有机质迅速下降,烟株根际区有益微生物减少,这将成为改善烟叶内在质量,提高香气的一个不可忽视的限制因素。

许多烟区已连作多年,地膜覆盖栽培也推广 3 年以上,在土壤有机质含量低于 1.3% 的烟田,无机肥与优质有机肥配合使用已成为施肥技术的要点。农家圈肥等土杂肥由于其腐熟程度差、病菌多,并且氯离子含量太高,在北方烟区已禁止使用。优质有机肥指的是饼肥、麸皮、腐殖酸肥料、微生物肥料及腐熟良好的秸秆等,此类肥料含有烟草生长发育所必需的多种营养元素及生理活性物质,是营养元素较全的一类肥料。它们含有大量有机质,能增加土壤中腐殖质的含量,对改善土壤理化性状、增强地力、涵养水分,对促进烤烟的健壮生长、提高烟叶的产量和质量都有积极的作用。山东安丘市于1994年和1995年两年在红沙沟镇、温泉乡进行了增施有机肥试验,取得了明显的效果(表 4-3)。

表 4-3 增施不同有机肥对烟叶产量和质量的影响

区号	施肥种类	折纯氮(千克/公顷)	公顷产量(千克)	上等烟(%)	均价(元/千克)	公顷产值(元)
1	豆饼+麸皮+复合肥+钾肥	67.5	2592.8	65.65	3.76	9673.8
2	豆饼+复合肥	67.5	2685.8	45.36	3.04	8164.5
3	豆饼+复合肥+钾肥	67.5	2657.3	30.66	2.52	6696.3
4	复合肥(ck)	67.5	2522.3	27.05	2.26	5701.5

(三)硝态氮肥与铵态氮肥相结合,不施含氯肥料

无机氮肥一般有两种形态,即硝态氮和铵态氮。烟株对两种形态的氮肥都能吸收,但一般认为硝态氮优于铵态氮。我国烟叶生产中,从前基本上不用硝态氮肥,原因是这方面的研究工作进行得不多,同时硝态氮肥供应也很少。烤烟是叶用经济作物,它前期的旺盛生长需充足的氮素供应,而到现蕾至初花期以后,应进入分层落黄的工艺成熟期,这时土壤中的氮素供应要立即停止,否则会产生恋青迟熟而不利于烘烤优质烟。这就是所谓的"少时富,老来贫"或"发得起,退得下"的烤烟需氮规律。硝态氮不需要经过任何转化就能直接被作物吸收利用,因而它不受温度低、土壤消毒等因素的干扰,能使烤烟在缓苗

期后立即吸收到硝态氮,促进早发快长,可在较短的时间里达到最大生长量。

硝态氮不被土壤粘粒所吸持,它在土壤中移动比铵态氮更方便迅速。一方面是硝态氮易于随质流向烟根密集的土层移动,一般在施肥后 3～5 天便有反应;另一方面是后期不需氮时,它也易于随雨水或灌溉水而运动到根层以外的土壤中(又称为淋失),使烟株能正常成熟分层落黄。因此硝态氮的特点是肥效快而维持时间较短,正与烟株的需氮生理相吻合。所以美国、巴西等烟草生产先进国家的烟草专用肥料(基肥)建议至少有 50% 的硝态氮,而作为追肥时则要求 100% 的硝态氮。中国科学院南京土壤研究所曹志洪等的试验表明,所有硝态氮处理的烟叶,单叶重、产量、上等烟的比例及产值等比施用 100% 铵态氮处理的都有较好的趋势(表 4-4)。

表 4-4 氮素形态对烤烟产量、质量的作用

处理	氮素形态	氮素来源	单叶重 (克)	产量 (千克/公顷)	上等烟 (%)	产值 (元/公顷)
1	100%$NO_3^- - N$	硝酸钠	6.15AB	2463.0A	10.72AB	5818.5A
2	100%$NO_3^- - N$	硝酸钾钠	6.63A	2505.0A	13.33A	5937.0A
3	100%$NO_3^- - N$	硝酸钾	6.85A	2602.5A	12.08AB	6031.5A
4	50%$NO_3^- - N$ 50%$NH_4^+ - N$	硝酸铵	6.22AB	2506.5A	12.64AB	6055.5A
5	100%$NH_4^+ - N$	硫酸铵	6.00AB	2422.5A	9.31AB	5721.0A

(南京土壤研究所,曹志洪,1986,许昌)

氯是烟草重要的营养元素,适量的氯可促进烟株生长,但多量使用则会降低烟叶品质和燃烧性。我国绝大多数烟区土壤中氯含量已能满足烟草需求,不需补给。局部烟区(黄淮烟

区)土壤含氯量及灌溉水含氯量偏高,使烟叶含氯量超过适宜范围,因此一般不宜施用含氯肥料,如氯化钾、人粪尿等。烟草复合肥料中,氯的允许范围为 2%,极限情况为 3%。

(四)大量元素与微量元素相结合

目前,老产烟区由于多年连作,加之在生产中忽视了施用烤烟所需的微量元素,造成了烟田某些微量元素亏缺。尽管逐年增加复合肥的用量,由 20 世纪 80 年代初每公顷用复合肥(15-15-15)300～375 千克,到 20 世纪 90 年代中期增施到每公顷 750～900 千克,但由于缺乏微量元素,所增施的复合肥对烟叶的产量、质量没有产生应有的效果,甚至在某种程度上还加剧了微量元素的亏缺,使得烟叶质量不但没有提高,反而下降了。因此,在烤烟施肥中适当地、因地制宜地配施微量元素,是提高烟叶产量和质量的关键措施。

在安徽歙县、河南宝丰和山东平邑所做的微量元素硼、锌、锰的试验充分说明了这一点。安徽歙县的供试土壤为石灰性紫色页岩上发育的紫色土,pH 7.43,有效锌、有效硼、有效锰的含量分别为 0.31 毫克/千克,0.3 毫克/千克,9.92 毫克/千克;山东平邑的供试土壤为黄土上发育的褐土,pH 8.41,有效锌、有效硼、有效锰的含量分别为 0.17 毫克/千克,0.37毫克/千克,5.78 毫克/千克;河南宝丰县的供试土壤为第四纪河流冲积物上发育的潮土,pH 8.3,其有效锌、有效硼、有效锰的含量分别为 0.34 毫克/千克,0.40 毫克/千克和 7.06毫克/千克。三个试验区土壤的有效锌和有效硼含量均在临界值(0.5 毫克/千克)以下,除安徽歙县紫色土的有效锰含量较高外,其他两试验区的土壤有效锰含量都比较低,平邑褐土有效锰含量还低于临界值(7 毫克/千克)。在歙县施用硼、锌,在宝丰和平邑施用硼、锌、锰后,烟叶产量均比对照有不同程度的提高(表 4-5)。

表 4-5　硼、锌、锰对烟叶产量的影响

处　理	产量(千克/公顷)		
	安徽歙县	河南宝丰	山东平邑
复合肥(ck)	2636.0	2441.1	2331.0 C
硼(B)	2933.9	2496.6	2347.5 C
锌(Zn)	3209.6	2512.4	2414.3 B
锰(Mn)	—	2485.8	2380.5B C
硼加锌(B+Zn)	2829.0	2541.0	2431.5AB
锌加锰(Zn+Mn)		2513.0	2448.0AB
硼加锰(B+Mn)		2504.1	2447.3AB
硼加锌加锰(B+Zn+Mn)		2533.7	2497.5A

(南京土壤研究所,1993,郝静)

　　三种微量元素对宝丰试验区烟叶上中等烟比率、均价及产值的影响与对产量的影响有相似的效果(表 4-6)。

表 4-6　硼、锌、锰对烟叶上中等烟比率、均价及产值的影响

处　理	上中等烟比率(%)	均价(元/千克)	每公顷产值(元)
复合肥(ck)	84.70	3.20	7811.6
硼(B)	89.50	3.42	8539.4
锌(Zn)	90.90	3.48	8743.1
锰(Mn)	85.60	3.37	8377.2
硼加锌(B+Zn)	97.50	3.86	9808.2
锌加锰(Zn+Mn)	89.00	3.46	8694.0
硼加锰(B+Mn)	89.10	3.43	8589.0
硼加锌加锰(B+Zn+Mn)	97.80	3.82	9678.6

(南京土壤研究所,1993,郝静)

在土壤微量元素不足的状况下,施用硼、锌、锰不仅能提高烤烟的产量和外在质量,其对内在品质的影响也是显而易见的(表4-7,表4-8)。由表4-7可以看出,施硼、锰处理的烟叶总氮、蛋白质、烟碱含量均下降,还原糖含量增加,随之糖/碱比值也接近或达到最佳范围。由表4-8可以看出,硼、锰处理的烟叶评吸总分明显高于对照,这主要是由于改善了烟叶的刺激性、杂气和余味,对其他因素没有影响。

表 4-7 硼、锰对烟叶内在化学成分的影响

(河南宝丰、山东平邑)

处 理	总氮(%)		蛋白质(%)		烟碱(%)		还原糖(%)		糖/碱(%)	
	平邑	宝丰	平邑	宝丰	平邑	宝丰	平邑	宝丰	平邑	宝丰
复合肥 (ck)	1.97	1.90	9.56	8.69	2.53	2.95	13.76	19.87	5.44	6.74
硼(B)	1.87	1.71	9.06	7.63	2.43	2.83	14.51	21.13	5.97	7.47
锰(Mn)	1.89	1.62	9.44	7.63	2.20	2.30	13.13	23.84	5.97	10.37
硼加锰 (B+M_n)	1.89	1.76	9.50	8.88	2.20	1.94	14.51	18.95	6.84	9.77

表 4-8 烟叶评吸结果 (安徽歙县)

处 理	香气质 (15)	香气量 (20)	杂气 (15)	余味 (15)	刺激性 (8)	劲头 (10)	燃烧性 (5)	浓度 (9)	灰分 (3)	总分 (100)
复合肥(ck)	8	9	8	9	6	8	4	8	2	62
硼(B)	8	9	8	10	7	8	4	8	2	65
锰(Mn)	9	9	9	10	7	8	4	8	2	66
硼加锰 (B+Mn)	9	9	10	10	7	8	4	8	2	68

二、肥料的用量与配比

（一）养分的吸收率

养分的吸收率可按下列方法求出：对所要测试的养分设置为施用区与非施用区，并栽上烟草，然后用化学分析方法测定收获后的烟草内所含的总养分量，即吸收量，最后用下列公式求出吸收率。

$$吸收率（\%）＝（施用区吸收量－非施用区吸收量）/施用量×100\%$$

由于受到各种条件（诸如气候条件、施用量、施用方法、土壤性质、肥料种类等）的影响，养分的吸收率并不是固定不变的。根据河南省的经验，在当地常年条件下，土壤养分吸收率大致为氮 50%，五氧化二磷 20%，氧化钾 40%；肥料利用率为化肥氮 55%～65%，磷肥 15%～25%，钾肥 50%～60%，饼肥 30%～40%。氮与钾易于在土壤中移动，所以与根部接触的机会较多，但也易于造成流失。磷酸在土壤中不易移动，所以与根部接触的机会较少，因此吸收率只有 20%，其余 80% 都残留在土壤内，残留下来的部分将被以后种植的作物吸收利用。

养分吸收率的测定，采用施用同位素标识的肥料直接测定其吸收量。按照某一地区常年养分的吸收率，根据所测定的土壤养分含量，计算其施肥量。

（二）测土施肥

测土施肥的步骤和方法如下：

第一，在烟田施基肥前测定土壤速效养分（碱解氮或速效氮、五氧化二磷、氧化钾）的含量，并估算当季烟株的吸收量。

第二，按计划产量求出烟株吸肥总量。

第三,烟株吸肥总量减去从土壤中吸收的量,除以所施肥料的利用率,即为施肥量(表4-9)。

表 4-9　河南省烤烟施肥量的计算方法

项　　　目	氮	五氧化二磷	氧化钾
设公顷产 2550 千克烟叶吸收总量(千克)	90.0	30.45	171.3
设土壤养分含量(折千克/公顷)	112.5	33.80	225.0
土壤养分利用率(%)	50.0	20.00	40.0
烟株吸收量(千克/公顷)	56.3	6.80	90.0
差额(千克/公顷)	33.8	23.70	81.3
肥料利用率(%)	60.0	20.00	50.0
需补施肥(千克/公顷)	56.3	118.50	162.9
施肥比例	1.0	2.11	2.9

据有关研究认为,测土施肥对确定磷、钾肥用量有参考作用,对施氮量的参考意义不大。在测土施肥的实践中发现,不同碱解氮含量的土壤施氮量,不仅在大范围内的差距很大,即使在生态条件基本相似的小地段内,也只能衡量各地块当时的相对供肥水平,而不能作为施氮量的依据。原因如下:第一,虽然土壤测定碱解氮的方法是可行的,对于盆栽或小块试验田在多点取样的情况下,是能代表当时土壤中存在的迅速可利用或即将利用的无机氮的数量的,但是氮素在土壤中主要是以有机态存在,它占 95%,而无机态氮只占 5% 左右,因此测定的碱解氮不能代表土壤的供氮能力和水平。第二,占土壤全氮 95% 的有机态氮经过转化,有一部分可以变为有效氮,但土壤氮素有效化随着气温、土温、土壤湿度和微生物的活跃程度变化而变化,而这些因素难以精确预测,所以土壤供氮水

平也就很难预测。第三,土壤氮素的变动性很大,即使1天之中,上午与下午就可能不一样,尤其是以施有机肥为主的我国土壤更是如此。

在目前条件下,确定用氮量的最佳方法是进行氮肥用量的田间试验,并分析影响当地施氮量的有关因素,结合农民经验,选择最佳用氮量,再根据天气预报作适当增减,即多雨宜增,干旱宜减。氮肥用量试验要经常做,以适应条件变化的要求。比如山东省就以耕层土壤有效氮总量为标准,大致把烟田土壤肥力划分为:平原地区土壤耕层有效氮含量大于60毫克/千克为高肥力烟田,40~60毫克/千克为中等肥力烟田,小于40毫克/千克为低肥力烟田。确定氮肥用量时,在考虑其他环境因素之后,通常在高肥力烟田,每公顷施纯氮40.5~60千克;中等肥力烟田,施纯氮60~75千克;低肥力烟田,施纯氮75~90千克。河南省烟田的施氮量范围为每公顷30~75千克,一般为45~60千克。土壤含碱解氮55~65毫克/千克,施纯氮30~45千克/公顷,45~55毫克/千克为45~60千克/公顷,35~45毫克/千克为60~75千克/公顷,低于30毫克/千克为82.5千克/公顷以上。

(三)经验施肥及其依据

1. 前茬作物与施肥量　　不同前茬的土壤供肥特点,对后作烟草的产量和品质具有重要的影响。就春烟来说,前茬土壤氮素残留的多,后作烟叶中的含氮有机物就多,如蛋白质和烟碱等的含量也就高,这样就对烟草品质造成不良影响。因此,烟草如果安排在前作施氮较多的玉米或豆科作物之后,在施用肥料时,要适当控制氮肥用量。

根据河南省许昌、郏县、襄城和临颍等地的调查认为,春烟前茬以芝麻、谷子最好,烤后上等烟多;红薯茬次之;豆茬、玉米茬最差。其原因与不同前茬的土壤养分状况不同有关。芝麻茬属耗氮多的作物,每形成 100 千克经济产量需氮 8 千克多。加上种植芝麻往往施氮肥较少,土壤残留氮量也少。芝麻又属早茬,能及时整地,土壤有一段休闲时间,因而能起到恢复地力的作用,便于微生物的活动。谷子的吸氮能力较强,能充分利用土壤中多年的氮素,一般情况下谷子地施氮量也少,因此这两个茬口最有利于接种烟草。

我国黄淮烟区栽烟多以红薯茬为主,因为该烟区种植红薯面积较大,红薯收获晚,接种小麦产量低,所以多接种烟草。由于红薯地一般不施氮肥,而且经过深刨复收,能够改善土壤的物理性状,有利于烟草的生长发育。大豆能固定大气中的氮素,残留在土壤中氮素较多,不利于接种烟草。玉米需水、需肥较多,一般施肥量较大,而且多偏重于施氮素化肥,使土壤中残留过多的氮素,种植烟草影响品质。因此大豆、玉米茬等接种烟草时,要注意适当控制氮肥用量。

2. 根据前茬作物产量指标确定施肥量 以烟田轮作区内主要作物的产量指标来衡量土壤肥力。北方烟区多以小麦作为指示作物,在常规栽培条件下,小麦产量与土壤肥力呈有规律的正相关,小麦产量的高低可以反映土壤的相对肥力水平。这些地区烟草的前茬红薯所接种的地是小麦茬。红薯一般不施肥料或很少施肥,对土壤肥力的影响不大,故小麦产量可作为施肥的参考。如河南省许昌地区以每公顷能产小麦5 250~6 000 千克定为高肥地,3 750~4 500 千克定为肥地,3 000~3 750 千克定为中肥地,3 000 千克以下定为低肥地。不同肥力等级每公顷施氮量一般掌握在:低肥地 60~90 千克,中肥地 45~75 千克,肥地 37.5~45 千克,高肥地 30~45千克。肥地和高肥地要多施磷、钾肥,少施氮肥。

3. 气候条件与施肥量 影响施肥量的气候因素主要是降雨和温度。一般来说,气温高,土温也高,可加速有机物的矿质化,促进养分的有效化。降雨主要是影响土壤养分的转化速度以及肥料的利用率。南方烟区比北方烟区施肥多,主要原因之一是南方降雨多于北方,肥料释放快,流失淋溶多,利用率低。就黄淮烟区来说,由于前期降雨较少,养分转化释放慢,烟株生长缓慢。进入成熟期,雨水集中,养分释放加快,促使烟叶对氮的再吸收而贪青晚熟,甚至黑暴。因此一般南方用氮量比北方高 30～45 千克/公顷。北方烟区丘岗旱地施肥受水的制约,比水浇地每公顷应少施 15～22.5 千克。

降雨的年变率对施肥量也有很大影响。雨量多的年份应多施,旱年应少施。河南省 1985 年降水情况接近常年,按推荐量施肥,烟叶获得优质丰产。1986 年大旱,按推荐量施肥,由于前期肥效不能发挥作用,后期降雨烟叶吸氮过多,严重影响了烟叶品质。1987 年前期雨量充沛,与上年同样施肥量,结果由于养分过早大量释放,流失较多,造成普遍脱肥而减产。因此掌握好气候规律,预测当年降雨情况,可以适当调整施肥量。如不能准确预测,则应按常年条件施肥,以免造成失误。

4. 土壤性状与施肥量 土壤质地和结构影响养分的分解、转化和积累速度,还影响微生物的活动和烟株对养分的吸收。因此土壤性状不同,施肥量应有差异,砂质土壤应比粘质土壤多施,反之应适当少施。中国科学院南京土壤研究所曹志洪总结在黄淮烟区的氮肥用量试验时指出:①发育于次生黄土母质的排水良好的轻质壤土(黄潮土、轻砂两合土及褐土等),以每公顷施 52.5 千克纯氮为宜;②发育在下属黄土母质上的黄棕壤,是质地较粘、保肥力强、内部排水不良的土壤,每公顷施纯氮 45 千克为宜。如果遇到多雨或干旱的情况,则需酌情增减。

5. 烟草品种不同施肥量不同　不同烟草品种耐肥性差异很大。我国推广的几个品种中,G 28 和 NC 89 比较耐肥,G 140 属中等耐肥,红花大金元和长脖黄不耐肥。据云南省烟草研究所测定(优质适产研究),在土壤碱解氮含量 74.6～100 毫克/千克的条件下,单株适宜施氮量为红花大金元 2～4 克,G 28 为 3～5 克。河南省烟草研究所认为,一般中等肥力,每公顷适宜施氮量:G 28 和 NC 89 为 52.5～67.5 千克,G 140 为 37.5～52.5 千克,红花大金元和长脖黄为 30～45 千克。中国农业科学院烟草研究所刘洪祥等在山东省安丘市和湖北省咸丰县所做的烤烟品种和肥料运筹配套试验结果表明,各品种的最优处理组合为:①中烟 90,每公顷施氮素 90 千克,氮∶五氧化二磷∶氧化钾=1∶1∶2;②NC 82,每公顷施氮素 75 千克,氮∶五氧化二磷∶氧化钾=1∶1∶2;③K 326,每公顷施氮素 90 千克,氮∶五氧化二磷∶氧化钾=1∶3∶4。

(四)磷肥的适宜用量

据统计,我国 1 亿公顷耕地速效磷小于 3 毫克/千克的有 0.1 亿公顷,3～5 毫克/千克的有 0.3 亿公顷,这些土壤主要分布在黄淮海平原及西北高原,是目前急需磷肥的土壤。我国烟农长期以来就不重视磷肥的施用,随着现代新的优良品种的推广,氮肥用量的不断提高,加剧了植烟土壤的缺磷危机。据南京土壤研究所曹志洪等 1986～1988 年间对黄淮烟区近 200 个土样的分析,除了许昌和凤阳两个烟草研究所的样品的速效磷达 24～34 毫克/千克外,90%以上的土壤样品速效磷含量小于 20 毫克/千克,其中小于 10 毫克/千克的土样占 67%,约有 10%的土样速效磷含量低于 5 毫克/千克。

在缺磷土壤上增施磷肥,掌握合理的氮、磷、钾比例,对提高烟叶产量和品质具有重要意义。虽然烟草对磷素的吸收量远比氮、钾少,一般仅为氮量的 $1/4\sim1/2$,但由于烟株对磷的吸收利用率低,所以生产上使用氮、磷比例一般为 $1:1\sim1.5$。曹志洪等在黄淮烟区的磷肥用量试验结果表明:①在土壤有效磷为 $13\sim15$ 毫克/千克的条件下,磷肥效应十分显著。在平衡施肥的作用下,表现在促进烟株早发,株高增加,提前成熟,叶面积大,最后导致产量的增加。土壤有效磷在 10 毫克/千克以下的情况时,烤烟的产量、质量都因施磷肥而有显著提高。②在目前黄淮烟区适宜的施氮水平下($52.5\sim67.5$ 千克/公顷),磷肥的适宜用量为(五氧化二磷)$60\sim90$ 千克/公顷,氮:五氧化二磷 $=1:1.1\sim1.3$。

在这里需要指出的是,土壤的 pH 不同,对不同的磷肥施用效果则有很大差异。在酸性土壤上种植烤烟,施用钙镁磷肥就比施用普钙的效果好;而在碱性土壤上种植烤烟,施用钙镁磷肥和普钙相比,效果正好与酸性土壤相反。这是因为:①水溶性的过磷酸钙有利于石灰性土壤上烟株对磷素的吸收,能够促进早发,便于落黄、烘烤。但它不适应于酸性土壤,尤其是酸性较强的土壤。因为这些土壤施用酸性的过磷酸钙,一方面可加重土壤酸度,形成酸害;另一方面酸性土壤中含量高的铁、铝离子更容易固定磷酸根离子,从而降低了肥效。②酸性土壤施用碱性的钙镁磷肥有利于缓和酸度,提高烟株对磷素的吸收利用;而石灰性土壤施用钙镁磷肥的情况正好相反。③酸性土壤中缺少钙、镁离子,而这些离子是烟株生长发育需要量较大的营养元素,所以酸性土壤中施用钙镁磷肥能够增加土壤中钙、镁肥的营养。而石灰性土壤中钙、镁离子往往过多,如果施用钙镁磷肥,会因钙、镁的增加影响烟株对钾和其他营养元素的吸收。

（五）钾肥的适宜用量

钾是影响烤烟品质和产量最重要的营养元素之一。含钾量的高低，常作为评价烟叶质量的一个指标。烟叶含钾量低是我国烟叶内在品质差的主要原因之一。钾肥的广泛应用和增施钾肥对提高我国烟叶质量起了重要作用。但是，钾肥供不应求、价格昂贵仍是我国烤烟生产上长期存在的突出问题。

1. 测土施钾肥　钾肥的适宜用量应根据土壤速效钾含量而定。在钾肥供应紧缺的情况下，可进行测土施钾，探索不同供钾能力土壤上钾肥施用量对烟叶产量、质量和效益的影响，做到科学、合理施用钾肥，对指导大面积烤烟生产具有积极意义。贵州省遵义烟草分公司李智勇等通过试验表明，钾肥用量对提高烤烟的产量及外观品质的效应，因土壤速效钾含量不同而异。在速效钾含量75.9毫克/千克的土壤上，以每公顷施150～250.5千克氧化钾的效果较好；在速效钾含量大于150毫克/千克的土壤上，钾肥施用量以每公顷施0～100.5千克氧化钾烤烟的产量、品质表现较好。

2. 钾肥施用量与经济效益的关系　钾肥施用量与经济效益的关系受土壤速效钾含量的影响。在速效钾含量为75.9毫克/千克的土壤上，随着钾肥用量的增加，每公顷纯收益（除肥料投资外的收入）不断增加，但肥料投资报酬率则在一定施钾范围内，随钾肥用量增加而提高，以后随钾肥用量增加又开始下降。在速效钾含量大于150毫克/千克的土壤上，每公顷纯收益差异不甚明显，而肥料投资报酬率均随钾肥用量的增加而直线下降。在速效钾含量75.9毫克/千克的土壤上，钾的经济施用量为166.5千克/公顷，而在速效钾含量大于150毫克/千克的土壤上，以不施钾肥处理经济效益最高。综合分析，钾肥用量对提高烤烟的产量、质量作用在速效钾含量低于150毫克/千克的土壤上效果较好,但也不是越多越好,而是有一个适宜范围,在每公顷施纯氮75千克,五氧化二磷100.5千克的前提下,以施150～195千克氧化钾为宜,即为氮用量的2～2.5倍。在速效钾含量大于150毫克/千克的土壤上,考虑到烟株吸钾后施钾对土壤钾素的补偿,以每公顷施75～120千克氧化钾为宜,即为氮用量的1～1.5倍。钾肥的价格昂贵,不合理的施用不仅达不到预期效果,而且大大提高生产成本。

3. 提高钾肥利用率的途径

(1)集中造粒深施和分次追施 提高土壤中钾的利用率必须掌握钾在土壤中的转化规律。钾肥施入土壤以后最主要的无效化过程就是固定。对于在一定气候条件下发育的土壤来说,粘土类型、土壤pH等基本上是相对稳定的因素,随年份和季节而变化的土壤湿度因素就成了影响钾素固定的最主要因素。由于下层土壤湿度较大,变化较小,因此作基肥的钾肥集中造粒深施在根系密集的土层内,以减少钾的固定,也利于根系对钾的吸收。集中施肥的另一些好处是增加了钾的相对浓度,减少了肥料与粘粒的接触等,也在一定程度上促进了吸收,减少了钾的固定。

(2)深耕 考察发现,我国许多烟区的耕层不深,导致施肥太浅。黄淮烟区某些烟田施肥深度不足10厘米。有的地区则是先施肥再起垄,使肥料集中在表层土壤中。这样不但妨碍根系向下延伸,使烟株无法利用土壤下层养分,而且会增加表层所施养分的流失和无效化过程。同时耕层浅也不利于降水和灌水的保蓄,对烟株充分利用水分及其他养分也是有害的。

中国科学院南京土壤研究所曹志洪等曾在江苏赣榆、贵州湄潭等地做了移栽行内适度深耕对提高烟株钾素利用率的影响的研究。试验发现适度深耕与常规耕作处理相比较,中部烟叶含钾量前者显著高于后者(表 4-10)。由于移栽行的深耕便于肥料深施,也有利于水分保蓄,为烟株生长创造了优越的水肥条件。特别是生长后期,仍有丰富的磷钾提供,保证钾素由根向烟叶叶片转移。经济性状分析表明,同常规处理相比,深耕可以增加上等烟比例、产量及产值。

表 4-10　深耕对烤烟含钾量和相对产量的影响*

处　理	赣　榆		湄　谭	
	氧化钾(克/千克)	相对产量(%)	氧化钾(克/千克)	相对产量(%)
常　规	14.0	100.0	27.6	100.0
深　耕	15.7	105.2	29.3	104.3

*3 年试验结果平均值

　　(3)氮肥形态　前已述及,氮肥有铵态和硝态两种。其中钾离子与铵离子的体积大小相近,二者都能陷落入 2∶1 型粘粒矿物的层间晶格中。如果先施了钾肥,而后施铵态氮肥,会造成钾的固定增加;反之则减少。硝态氮是烤烟最适宜的氮素形态,烟株吸收较多的硝态氮,还有利于钾的吸收。因此在烤烟的氮肥选用时,应注意至少有一半(50%)是硝态氮为宜。

　　(4)化学高聚物和生长调节剂的作用　带有大量负电荷的高聚物可以吸附钾而成为钾的载体,阻止钾向固定态转化,同时还可以改善土壤水分状况,有利于烟株生长。从中国科学院南京土壤研究所曹志洪等于 1992 年在云南玉溪地区所做的研究中可以看出(表 4-11),各种化学高聚物都可以明显地提高烤烟产量、产值和上等烟比例,特别是 PAM 与基肥混合施用时,上等烟比例是对照的 1.5 倍,产值是对照的 1.32 倍。

　　除了改善土壤供钾状况外,通过一些植物生长调节剂,来调控烤烟生长的生理过程,增加烤烟对钾的吸收能力,也是改善烤烟钾素营养的可能途径之一。曹志洪等1992年在江苏新沂所做的喷施不同植物生长调节剂对烤烟产值的影响的研究结果表明(表4-12),植物生长调节剂种类不同,对烤烟生长及产量、产值的影响程度也不同。其中以吲哚乙酸(TAA)最好,其产量、上等烟比例、均价都较对照有较大的提高。

表4-11　化学高聚合物对烤烟产值的影响

处　理	产量(千克/公顷)	上等烟(%)	产值(元/公顷)
PAM(聚丙烯酰胺)	2487.0	12.4	4705.5
TAC(硫代乙酰胺)	2478.0	8.4	4225.5
TPAM(硫代聚丙烯酰胺)	2422.5	10.5	3943.5
PAN(聚芳基腈)	2410.5	12.8	3921.0
对照	2313.0	8.2	3573.0

表4-12　植物生长调节剂对烤烟产值的影响

处　理	产量(千克/公顷)	上等烟(%)	均价(元/千克)	产值(元/公顷)	含钾量(%)
BR(蓖麻酸丁酯)	3960.0	20.9	1.45	5716.5	1.02
TAA(吲哚乙酸)	4281.0	25.7	1.55	6504.0	1.12
多效	4063.5	20.2	1.41	5731.5	1.12
对照	4084.5	19.0	1.36	5625.0	1.01

(5)农家钾肥资源的利用　草木灰、烟秸灰及焦泥炭等农家肥料中钾的形态主要是碳酸钾,对烤烟是一种合适的钾肥来源。历史上烟农有施用这些钾肥的习惯。在目前钾肥紧缺

的情况下,更应该充分利用自然农家钾肥。焦泥炭是南方农民积制土杂肥的一种好办法。它是把草皮、表土、枯枝落叶或加入一些蒿秸一起燃烧后备用。通过燃烧,把害虫、病菌烧死了,同时把一些钾、钙、镁和磷等营养成分的有效性提高了。烟草生产上常用的农家肥料,对提高土壤有效钾的供给可起辅助作用。

(6)灌溉及其他田间管理措施 钾肥肥效的发挥也与灌溉、种植密度、培土、中耕起垄等田间管理技术有关,特别是土壤水分、通气性、土壤结构等与钾肥肥效的发挥有很大影响,目前在国内正处于深入研究之中。

(六)微量元素肥料

微量元素是烟草生长的必需元素,与大量元素一样是同等重要不可代替的,任何一种微量元素的缺乏都会导致产量、质量的降低,严重时也可能绝产或收获到无使用价值的烟叶。烤烟生产中最关心的微量元素是锰、锌、硼、铜、氯、钼等。

国外的大多数研究报告认为,一般情况下植烟土壤中不缺乏微量元素,因而微肥对烤烟的产量、质量均无明显的效应。因为在国外,植烟土壤多数是微酸性的,同时作为预防性的施肥,在烤烟肥料中也早已注意到微肥的添加,如津巴布韦的烟草专用肥中就含有硼。而我国的情况不同,不少植烟土壤的 pH 都比较高,黄淮烟区不必说,即使是云南、贵州、四川、广东等地也有不少石灰性土上发育的植烟土壤,如紫色土、红色石灰土等都具有较高的 pH。同时不少母质本身就缺乏一种或两种微量元素。因此微量元素的缺乏在目前还比较普遍,从大范围来看,北方土壤中主要缺锌、锰、硼;而南方的土壤中则缺硼、锌、铜、钼、钙和镁,个别地区还缺氯。

山东省烟草公司等通过 1989~1990 年的小区及大面积

推广试验表明,在本省烟区主要类型土壤上施用硼肥和锌肥能够促进烟草生长发育,上等烟平均增加 7.4%,产值平均提高 14.34%。评吸结果认为,施硼、锌者香气增加,吃味改善,而且评吸中每组的得分第一者都是经过喷施硼肥和基施硼肥处理的,这充分说明了施硼肥有促进烟叶糖的代谢、降低烟碱含量的效果。

云南植烟土壤的 pH 多为酸性或微酸性,加之连年施用化学肥料,酸度不断加深,钙和镁大量流失,仅靠施用磷肥(普钙、钙镁磷肥等)的附加成分补充钙和镁远远平衡不了烟株生物体带走的钙和镁,造成土壤和烟株钙和镁营养的亏缺,钙和镁的缺乏症状时有发生。美国有在酸性土壤上施用石灰的习惯,并且施用量比较大,对烟叶的产量质量都有明显的提高。云南省烟草科学研究所在玉溪红壤上所做的试验表明,增施一定量的钙肥和镁肥,可以提高烟叶的产量、外观质量及经济效益(表 4-13),并且使烟叶化学成分趋于协调,总糖含量提高 3.36 个百分点,总氮量下降 0.17 个百分点,蛋白质含量下降 0.86 个百分点,烟碱含量降低 0.33 个百分点(表 4-14)。

表 4-13　施钙对烤烟产量、质量、产值的影响

处　理	产量 (千克/公顷)	产量比对照增减		产值 (元/公顷)	产值比对照增减		上等烟 (%)	中等烟 (%)
		增减量 (千克)	百分比 (%)		增减量 (元)	百分比 (%)		
氢氧化钙 30 克/株	765.0	+5.35	+11.72	7741.5	+59.46	+13.02	2.76	42.07
氢氧化钙 40 克/株	810.0	+8.35	+18.29	8458.5	+107.25	+23.49	9.10	50.73
对照(复合肥)	684.8	0	0	6849.6	0	0	0	40.04

表 4-14 施镁对烟叶化学成分的影响

处　理	总糖 (%)	总氮 (%)	蛋白质 (%)	烟碱 (%)	施木 克值	糖/碱	氮/碱
镁(Mg^{2+})	22.58	1.71	9.57	1.94	2.36	11.64	0.88
复合肥(ck)	19.22	1.88	10.43	2.27	1.88	8.47	0.83

综上所述,微肥的施用要建立在测土施肥的基础上,因地制宜地施用。下面介绍几种主要的微量元素肥料的使用方法。

1. 铜肥 土壤缺铜的临界值为 1 毫克/千克,在有效铜含量低于 1 毫克/千克的土壤上应增施铜肥。目前常用的铜肥品种有硫酸铜和黄铜矿渣。黄铜矿渣适宜于土壤施用,由于溶解缓慢,最好在冬耕时施入或在早春耕地时施入,每公顷用量450～750 千克,折算含铜量不超过 250 克为宜。硫酸铜作基肥时,每公顷用 15～22.5 千克即可,最好与其他生理酸性肥料配合施用。叶面喷雾可用 0.02%～0.1%的硫酸铜溶液。每公顷用量根据苗棵大小而定,一般 750～900 千克即可。不论铜肥如何施用,最好配加用量的 10%～20%的熟石灰,以避免或减轻毒害。铜肥的施用量要十分慎重,以免造成铜害。铜肥的有效期较长,在缺铜的地区,可以每 4～5 年在土壤中施用 1 次。

2. 硼肥 土壤缺硼的临界值为 0.5 毫克/千克。常用的硼肥有:硼砂,含硼量 11%;硼酸,含硼量 17%;硼泥,含硼量0.5%～2%;四硼酸钠,含硼量 20%;含硼玻璃肥料,含硼量2%～6%。硼肥可作基肥和叶面喷施。硼泥是工业废渣,含有一定量的硼,作基肥使用,费用低,较为适宜。每公顷施用 225千克,也可与过磷酸钙混合施用。基肥一定要施得均匀,避免局部地区硼的浓度过高,引起硼中毒。用硼砂作基肥时,每公顷用 7.5～15 千克即可，与有机肥拌匀施用。叶面喷雾，一般施用浓度为 0.1％～0.2％的硼砂、硼酸及硼酸钠溶液，也可以和波尔多液及 0.5％的尿素配成混合液进行喷施。因硼在植物体内运转能力差，应多次喷雾为好，一般要喷 2～3 次。

3. 锰肥　土壤有效锰临界值为 7 毫克/千克。硫酸锰是一个常用的锰肥，为粉红色结晶，易溶于水，能直接被作物利用。硫酸锰直接施入土中易被土壤固定，作基肥时每公顷施用 15～37.5 千克，最好与过磷酸钙等酸性肥料及有机肥料混合施用，可以减轻土壤固定。叶面喷施时每次每公顷喷施 0.05％～0.1％的硫酸锰溶液 750～1 125 千克，加 0.15％的熟石灰，以免烧伤烟株。

4. 锌肥　土壤有效锌临界值为 0.5 毫克/千克。硫酸锌是多年来一直常用的肥料，可直接作基肥施用，每公顷施用 15 千克，要求施得均匀。可与生理酸性肥料混合（切忌与磷肥混合）于移栽前开沟施于垄底。锌在土壤中的残效较长，不必每年施用。叶面喷雾是一种整个生长期间补充营养的好办法，将硫酸锌配成 0.1％～0.2％的溶液进行叶面喷雾，一般每公顷喷施 750～900 千克即可。但要注意不要把溶液灌进心叶，以免灼伤。喷雾以连续进行 2～3 次为好。锌肥配成溶液施用，需加入 0.2％的熟石灰，以调整 pH，避免对烟株的伤害。

5. 钼肥　用草酸-草酸钼提取土壤有效钼。土壤钼的临界值为 0.15 毫克/千克。常用的钼肥有钼酸铵和钼酸钠，每公顷 7.5～15 千克作基肥施用，可以和其他常用化肥和有机肥混合均匀，于移栽前开沟施于垄底。叶面喷雾要求肥液溶解彻底，不可有残渣。钼酸铵要先用热水溶解完全，再用凉水对至所需的浓度。一般喷雾用 0.02％～0.05％的钼酸铵溶液，每次每公顷用溶液 750～1 125 千克，连续喷施两次为好。

钼与磷有相互促进作用,可将钼肥与磷肥混合施用,也可再配合氮肥每公顷施用钼酸铵 225 克,尿素 7.5 千克,过磷酸钙 15 千克。先将过磷酸钙加水 1 125 升,搅拌溶解放置过夜,第二天将沉淀的渣滓滤去,加入钼肥及尿素即可进行喷雾。土壤中施用钼肥,肥效可持续 2~4 年,不必年年施用。

(七) 有机肥料

有机肥料中营养成分比较完全,阳离子代换量比土壤粘土矿物大得多,这对保持铵、钾等阳离子成分,延长肥效有良好作用。化学肥料与有机肥料配合使用具有联应效果。1993~1995 年中国农业科学院烟草研究所研究了优质烟叶生长发育规律及其与营养条件的关系,无机氮所占比例较大者,能促进烟株早期生长,株高、叶数和叶面积均大于有机氮所占比例较大者。但成熟期则相反,随着有机氮比例的增大,叶色保持绿色的时间较长,落黄晚,采收期推迟,可并不影响烘烤品质。从试验结果看,产量以无机氮、有机氮各占 50% 的为最高,比无机氮 100% 和有机氮 100% 分别高 20.3%,29.9%。均价以无机氮、有机氮各占 50% 的为最高。上等烟和上中等烟比例,以有机氮占 75% 的最高。综合分析,纯施无机氮肥,养分分解和释放速度快,田间烟株表现早发,落黄早,但后劲不足,影响产量,特别是对品质影响更大。纯施有机氮肥,养分分解和释放因受多种环境因素制约,一般不能与烟株生长发育的规律相吻合,前期生长较慢,旺长期与成熟期推迟,也影响烟叶的产量和品质。

(八) 烟草专用肥配方

就目前的生产水平看,配方施肥对于一家一户的烟农来说比较困难。但如果根据各地的土壤与气候特点配制不同的、适合于各自地区的烟草专用肥,让烟农直接施用已经完成配

方的复合肥,则可以达到同样的效果。在研制专用肥配方时必须考虑下列因素:

1. 不同作物对养分的不同需求　不同的作物由于基因型和生理代谢上的差异,它们对氮、磷、钾和微量元素的需求是不同的。例如相对于氮而言,马铃薯需要较多的磷,它的需磷量是烟草的 1 倍以上;而烟草需要较多的钾,消耗同等量的氮时,它所需的钾量是棉花的 4 倍左右。烟草收获时,根茎叶所带走的氮磷钾的比例为 1∶0.11∶2.3。这是在配方中首先应该加以考虑的。另外,如前所述,烟草在不同的生长时期对氮磷钾养分比例的需求也是不同的。以烤烟为例,在移栽的初期,相对于氮素而言,烤烟对钾的需求中等,然后有所降低。移栽后第五周开始,每吸收 1 个氮时所需要的钾急剧升高,在第八周左右达到最大,然后又下降。相对于氮而言,烤烟对磷的需求较少,而且在全生育期中,所消耗的氮磷比例变化也不大。因此,要想得到效果最好的肥料,烤烟的基肥和追肥在氮磷钾配比上应该有所差异。

2. 不同土壤类型中养分含量的差异　土壤所处的地带以及由此引起的成土过程的差异往往会导致土壤养分含量的巨大差异。例如东北的黑土和黑钙土氮素含量较高,而四川、贵州和福建等地的紫色土钾含量较高,河南、山东、辽宁等地的潮土、棕壤、褐土等土壤的钾含量中等。南方地区如湖南、江西、广东等地的红壤类土壤钾的含量极低。土壤速效磷的变化也较大,而且从全国第二次土壤普查的 20 世纪 80 年代初开始,我国农民开始大量施用磷肥,由于施用的磷肥比作物带走的磷多许多,磷又不易淋失,且具有很大的残效,结果使得土壤速效磷的含量与土壤普查时相比已有很大的提高。目前,速效磷平均含量大都在 15 毫克/千克左右,含量在 30～40 毫克/千克的土壤已不鲜见。而且由于各地经济发展和生产投入的不平衡,磷肥的施入量差别较大,结果导致各地土壤磷含量差异较大,这也是在研制专用肥配方时必须考虑的因素。

3. 不同单质肥料在不同土壤中的转化过程 肥料进入土壤以后,某些养分成分会被胶体吸附,某些养分会被土壤微生物转化,易溶成分可被雨水淋失,部分养分会被杂草吸收固定。这些过程有的有利于养分的保存,或使养分更加有效;而有些过程却是使养分缓效化或无效化,降低肥料利用率。例如,氮在南方地区,淋失损失的比例较大,而在北方石灰性土壤中,氮挥发损失更为严重。因此,适用于南方地区的专用肥配方中,肥料中的氮素最好选用被土壤吸附较强的单质肥料为原料。而北方石灰性地区的专用肥配方中,应适当增加硝态氮的比例,以减少氮的挥发损失。

4. 养分间的相互作用 在烟草对养分的吸收过程中和养分被吸收到烟株体内后,养分之间存在各种相互作用,有的是相互促进,有的相互拮抗,这种相互作用会影响到养分的有效性,因此必须在专用肥配方中加以考虑。例如烤烟中钙-钾之间的相互拮抗,在交换性钙含量极高的石灰性土壤上就会极大地影响钾的吸收。因此,在同等速效钾含量的情况下,这些土壤上施用的烟草专用肥必须适当提高钾的比例。其他具有普遍性的,例如磷-锌、钙-硼之间的相互拮抗作用,都必须在配方中加以考虑,才能得到真正品质优良的专用肥。

5. 不同单质肥料品种对烟草的影响 在选用单质肥料进行配方时,除了要考虑不同单质肥料中单位肥料的价格比这个经济因素外,更重要的是必须考虑单质肥料对烟草的产量和品质效应。前已述及,烤烟喜欢硝态氮,在正常温度的同等条件下,硝态氮比铵态氮更易被烤烟吸收,所产烟叶品质更佳，而尿素、硫铵和磷铵都对烟叶品质有不利影响。尤其在北方烟区，烟草移栽初期的低温不利于尿素、硫铵和磷铵的硝化作用，因此，在同等氮量的情况下，使用尿素、硫铵和磷铵作专用肥配方的肥料，烤烟早期的长势明显不如施用50％以上硝态氮的专用肥。在所有的磷肥品种中，石灰性土壤以高品位的过磷酸钙和重过磷酸钙的施用效果和对烤烟烟叶品质的影响最好。

6. 微量元素问题　需要特别指出的是，在微量元素的使用上，应特别小心，因为微量元素犹如一把双刃剑，一面是营养，一面是毒害。在一定的浓度范围内，它是营养元素，而超过一定的范围，它就会变成毒害元素，而且，有的微量元素从营养到毒害的范围很窄。例如硼，在土壤有效硼低于0.25毫克/千克时，往往会因缺硼而影响烟叶品质，而当土壤有效硼高于1毫克/千克时，就会出现硼的毒害而降低烟叶质量。我国幅员辽阔，土壤类型很多，微量元素的含量变化又很大，所以，在制定微量元素的使用方案时，一定要根据肥料使用地区土壤微量元素的含量情况而定，不能盲目地搬用其他地区的经验。否则，一方面大大提高专用肥的成本，增加烟草公司和烟农的投入；另一方面反而降低了烟叶品质。

另外，我国南方烟区目前许多地方缺镁现象比较普遍，可以考虑施用镁肥。对于酸性较大的土壤，最好结合改良土壤酸性，施用白云石粉。

（九）肥料的配合与混合

烟草专用肥配方只针对某一个气候条件下的大范围地区，并不适合于一个地区内大同小异的各种烟田土壤。要想给不同生长条件下的烟株提供充足适当的养分，在施用烟草专用肥的同时，还需配合或混合施用其他肥料。在肥料的配合及

混合施用时,应该注意下列几点:

1. 肥料成分的损失及肥效减低

(1)氨态氮素的挥发 硫酸铵、氯化铵等氨态氮肥若与碱性肥料(如石灰氮、草木灰、生石灰等)混合,氨就要挥发。

如生石灰若加入腐熟的人粪尿中,就会发生下列反应,使氨受到损失。

$$(NH_4)_2CO_3 + CaO \rightarrow 2NH_3 + CaCO_3 + H_2O$$

(2)水溶性磷酸成为不溶性磷酸 水溶性磷肥与碱性肥料混合,水溶性磷酸的含量就要下降。在必须进行混合时,最好与较大量的堆肥等一同混合,混合后应立即使用,不可长时间停放。

2. 防止养分损失 饼肥发酵时,若在饼堆的表面撒上1层过磷酸钙,就可以防止氨的挥发。与此相同,若在贮粪池中的人粪尿表面撒上1层过磷酸钙,则可以减少氨的损失。

3. 吸湿性的变化 单一肥料与吸湿性弱的肥料混合,有时它们的吸湿性就会增强,如将氯化铵、氯化钾等与过磷酸钙混合,就会使其吸湿性增加而不便于施用。与其相反,混合后也有吸湿性下降的,如硝酸铵吸湿性很强,但若与硫酸铵混合,吸湿性就会减弱。

除此之外,有些肥料若长期混合,就会造成养分损失。如将硝态氮肥(如硝酸铵、硝酸钠等)与含有游离酸的过磷酸钙混合,硝酸就会挥发;若与饼肥、鱼肥等混合,硝酸就要还原成氨而挥发;尿素与大豆饼长期混合,尿素会被分解转化为氨散失。

一般来说,肥料混合后应尽快将其施用,以免其成分发生变化。肥料与肥料能否混合,请参考图 4-1。

图 4-1 各种肥料混合使用图

肥料名称	饼肥	人粪尿	厩肥	硫酸铵	尿素	氯化铵	碳酸氢铵	硝酸铵	氨水	钙镁磷肥	过磷酸钙	磷矿粉	骨粉	草木灰	氯化钾	硫酸钾
饼肥	+	+	+	+	+	+	+	−	+	+	+	+	+	0	+	−
人粪尿	+	+	+	0	−	0	−	0	0	0	+	+	+	−	0	0
厩肥	+	+	+	0	0	0	−	0	+	+	+	+	+	−	0	0
硫酸铵	+	0	0	+	0	0	0	0	−	0	+	0	0	−	+	−
尿素	+	−	0	0	+	0	−	0	−	0	0	0	0	−	0	+
氯化铵	+	0	0	0	0	+	0	0	−	0	0	0	0	0	+	+
碳酸氢铵	+	−	−	0	−	0	+	0	−	−	0	−	−	−	0	0
硝酸铵	−	0	0	0	0	0	0	+	−	0	0	0	0	−	0	0
氨水	+	0	+	−	−	−	−	−	+	0	0	0	0	−	0	+
钙镁磷肥	+	0	+	0	0	0	−	0	0	+	−	0	0	0	0	0
过磷酸钙	+	+	+	+	0	0	0	0	0	−	+	0	0	−	0	0
磷矿粉	+	+	+	0	0	0	−	0	0	0	0	+	0	−	+	+
骨粉	+	+	+	0	0	0	−	0	0	0	0	0	+	−	+	+
草木灰	0	−	−	−	−	0	−	−	−	0	−	−	−	+	0	0
氯化钾	+	0	0	+	0	+	0	0	0	0	0	+	+	0	+	+
硫酸钾	+	0	0	+	+	+	0	0	+	0	0	+	+	0	+	+

注:“+”可以混用,“−”不能混用,“0”混合后应立即使用

(十)化学肥料的简易鉴别法

进行化学肥料的品种鉴别,对贮藏、施用以及防止误购假货具有重要的意义。下面介绍几种常规化肥的鉴别方法。

1. 外观鉴别　磷肥一般呈粉状,大多颜色较深,多为灰色或灰黑色,而氮肥和钾肥则呈白色晶体或颗粒。

2. 溶解度鉴别　一般氮肥和钾肥都溶于水(除石灰氮

外），而磷肥仅部分溶于水中或不溶于水。石灰氮遇酸后有气泡产生，并有电石气味。碳酸氢铵有挥发性氨味。这样，就能把磷肥和氮钾肥分开，在氮肥中能把石灰氮和碳酸氢铵与其他氮肥区别开。

3. 熔融情况鉴别　可将肥料放在小铁片上灼烧，观察其熔融情况。不同肥料的熔融情况是：不熔融直接升华或分解的，如氯化铵、碳酸氢铵；熔融成液体或半液体的，如硝酸铵、尿素、硫酸铵、硝酸钙；不熔融仍为固体的，如磷肥、钾肥、石灰氮。

4. 灼烧鉴别　将氮肥投入烧红的炭火上，燃烧并发亮的为硝酸盐类。如在其水溶液中加入10％苛性钠，有氨味产生的为硝酸铵。如无氨味，灼烧时呈黄色火焰的为硝酸钠，紫色火焰的为硝酸钾。而灼烧时熔化并发出白烟的为尿素。当加入10％苛性钠有氨味产生，燃烧时不发亮，如加入5％氯化钡有白色沉淀的即为硫酸铵；不发生沉淀时，加入1％硝酸银，有白色絮状物的为氯化铵，如产生黄色或黄色沉淀的，即为磷酸铵。

5. 用石灰鉴别　把肥料与石灰混合加水研磨或用热水将肥料溶解后加入碱面，如有氨味的则为铵态肥料，如硫酸铵、硝酸铵、氯化铵、磷酸铵、碳酸氢铵等。

6. 化学性质鉴别　鉴别过磷酸钙和钙镁磷肥时，过磷酸钙呈酸性，钙镁磷肥呈中性。鉴别氯化钾和硫酸钾时，可加入5％氯化钡溶液，产生白色沉淀的为含硫酸根的钾肥。如加入1％硝酸银时，产生白色絮状物的即为氯化钾肥料。

三、施肥方法

不同的气候条件，特别是降雨量和雨量的分布状况，土壤性状特别是土壤保水保肥性状,都对养分的释放、流失、吸附和利用有直接关系。这就必须采用不同的施肥方法,以充分发挥肥料的效益,调节烟草养分的供应。

烤烟叶面积大,耗水量多,蒸腾系数大,必须有强大的根系与之相适应。烤烟移栽后发根力强,侧根发达,培土后茎基部10厘米左右能发生活力很强的不定根。烤烟的根系分布广而深,主要根群集中在20~40厘米深,周径20~60厘米的范围内。实行垄栽,有助于烤烟根系的发育,也是烤烟栽培技术的一个特点。适用于烤烟的根部施肥技术,必须考虑其根系发达和垄栽的特点。

(一)基肥追肥施用方法

我国烟区多年来大多数采用重施基肥,少施和早施追肥的方法。在推广起垄栽烟以来,基肥也分两次施用。在起垄时,把基肥用量的2/3条施于垄底,另外的1/3在移栽时施于窝内。追肥一般在栽后20~30天后撒施于株间。追肥的作用,不仅在于保证生长发育中后期的氮素供应,防止后期过早的脱肥早衰,同时还可根据烟株田间长势,适当增减原定的施肥量。追肥时,还可对弱苗、小苗偏施,达到田间生长整齐一致。基肥追肥的施用位置,直接影响到肥料中养分被根系吸收的时间早晚。基肥追肥施入土壤中的深度:在大田生育前中期湿润度大的地区,以10~15厘米为宜;湿润度小的地区以15~20厘米为宜。基肥无论是有机肥还是无机肥,都应采用集中施肥法:一种为条施,起垄时呈条状埋入土中;一种是集中施入栽植穴内。

(二)双层施肥方法

近年来,随着卷烟工业对烟叶内在质量要求的提高,烤烟的施肥量增加,肥料结构中饼肥不足和化肥比重提高,特别是复合肥料、烟草专用肥和钾肥的广泛使用,各烟区都在探索改进传统施肥技术,发展有利于提高肥效,确保适产和提高烟叶质量的施肥技术。

1988 年以来,上海市农业科学院土肥所与上海市烟草公司物资部及其所属的申湄基地相配合,根据基地的特点,在上海长征化工厂开发烟草专用肥的同时,试验和初步推广了适用于烤烟的双层施肥技术。双层施肥技术在全面考虑烤烟的营养、生理、栽培特点和分析传统施肥技术利弊的基础上,利用烟草垄栽的特点,采用基肥 1 次双层施用的方法。

1. **具体做法** 在起垄前将基肥用量的 60%~70%条施于垄底烟株栽植行上,然后起垄;移栽时再把剩余的 30%~40%施于定植穴底部,与土壤充分混合,覆以薄土后移栽烟苗。如果在起垄后进行双层施肥,可先将窝刨至 20 厘米深左右,先把基肥用量的 60%~70%施于窝内,覆土 7 厘米左右,其余的 30%~40%施于覆土之上,与土混合均匀,然后移栽烟苗。两种做法以在起垄时实施双层施肥为好。

2. **双层施肥技术具有的优点** 一是有利于早期根系向下伸展,促进烟苗早发,也有利于旺长期吸收速效养分,促进开秸、开片,增加叶面积。二是由于肥料施于两层不同的深度,下层土壤水分干湿交替变化小,水分相对稳定,有利于栽后在无灌溉条件下,因干旱烟苗受旱害,早期向下伸展的根系,可以利用下层的土壤水分。三是在较高施肥量下,能有效避免因肥料过于集中,造成表层浓度过大,引起浓度障碍和坐苗现象。四是有利于前、中、后期供肥的协调,达到"少时富、老来贫"的要求,有利于后期的适时成熟。五是有利于地膜覆盖栽培的推广。目前推广的地膜覆盖技术,多为栽后盖膜,在覆盖前 1 次施用双层肥料,可减少施肥用工。

3. 专用烟肥的施用　为了使烤烟在不同生育期及相应的根系伸展位置能分别吸收到适应其营养要求的养分,更加有利于促进苗期早发和确保后期充分成熟,并进一步改善烟叶的内在质量,在双层施肥技术取得以上效果的基础上,上海市农业科学院土肥所等单位又进一步设计了养分配比不同的两种型号烟肥,供双层分别施用。用作下层的烟肥采用高钾(磷)比例,氮∶五氧化二磷∶氧化钾=1∶1.6∶4.4;其含钾量为上层肥的 2.75 倍。用作上层肥的烟肥,采用高氮(磷)比例,氮∶五氧化二磷∶氧化钾=1∶1∶0.67,其氮含量为下层肥的2.5倍。实际施用时,通过调节上下层肥的比例,以保持烤烟全生育期总的养分比例协调。

4. 双层施肥应掌握的原则　由于我国不同烟区的土壤类型、施肥水平和肥料结构各异,烤烟的品种、栽培水平和不同生育期所遇到的气候又有诸多差异,因此在生产中实施双层施肥技术时必须因地制宜,主要应贯彻以下基本原则:提高基肥比重,直至只用 1 次基肥,一般不追肥。肥料在起垄前后分两层施用,下层肥比例较高(60%~70%),上层肥比例较低(30%~40%),两层之间应有 10 厘米左右的土层间隔,上层肥应与定植穴土壤充分拌和,同时,还应根据具体条件作必要的调整和配合。土质疏松时,上层肥比例可稍高(速效养分向下淋溶较多)。总施肥水平低时(如小于 60 千克氮/公顷),上层肥比例可稍高(确保苗期早发)。有机肥与磷、钾肥如单独作基肥,应主要作下层肥。在烟地肥力低、基肥施用不足与烟苗成活后长势不旺时,也可考虑在移栽后施用少量追肥(单一氮肥或氮钾肥),但施肥量应严格控制,必要时结合灌水进行。

(三)双条施肥方法

众所周知,烟草是通过根系来吸收营养的,所以,施肥的位置必须与根系在土壤中的分布相吻合,才能使肥料的利用率最高,最大限度地促进烟草生长。胡国松等的研究表明,烟草根系在有地膜覆盖和没有地膜覆盖时,在土壤中的分布存在较大差异。在有地膜覆盖时,根系分布在表层土壤10～15厘米的土层中,且根尖上卷,垂直于烟茎的地下基本上没有根系分布;在没有地膜覆盖时,根系在土壤中的分布层次明显加深,根尖向下扎,但垂直于烟茎的地下也很少有根系分布。这些结果表明,目前我国采用的单条施肥(包括双层施肥)不符合烟草根系的分布规律。由于施肥点距离烟根有一定的距离,肥料必须经过一个缓慢的扩散过程迁移到根表后,才能被烟草吸收,这样的结果很可能是到达根表前已经被雨水或灌溉水淋失,或被土壤固定,降低了肥料的利用率。在烟草最需要肥料时,很可能吸收不到肥料,而后期肥料又迁移到根表,影响烟草的正常成熟与落黄。双条施肥结合烟草根系分布特点,将肥料施于距烟行15厘米的两侧,深度在20厘米左右。美国烟草75%以上的烟地采用双条施肥。在云南、贵州、河南、山东等地的田间试验也表明,双条施肥的效果,烤烟产量与品质均明显优于单条施肥(包括双层施肥)。

(四)烟肥喷施方法

除上面所述的土壤施肥外,近年来对根外喷洒叶面肥应用较多,这是一种补充烟株中后期缺肥的有效方法。如在20世纪90年代初期推广的烟草专用叶面营养液,以氮、钾、锌、锰为主要营养源,并根据养分平衡原理适当地配合磷、硼、铜、钼、铁等12种必需的无机营养元素,对烟叶产量、品质都有良好的作用。其施肥方法,采用营养液200倍液,分别在团棵期、打顶后和下二棚叶片采收后喷施3次。一般在傍晚喷施,夜间露水使叶面喷肥液滴干燥慢,便于吸收。近几年推广的绿芬威

1号,含钾 34％,对解决烟株中后期缺钾有明显效果。施用方法,于打顶后立即喷施,浓度为1 000倍液。第一次喷药后15～20天进行第二次喷施,一般进行两次。

(五)立体施肥方法

根据烟株营养生长规律,为防止肥料的过早流失和固定,起垄时1次性施用全部豆饼、草木灰和50％的复合肥,不施用钾肥。移栽时施入另50％的复合肥和全部钾肥。同时,移栽时采用"打眼施肥法",在每株烟两侧,离烟苗10厘米、深15厘米,各打一眼,将肥料施入盖严。这样,相对集中施肥,提高了肥料利用率。在旺长期、打顶期各喷2遍绿芬威1号和2号,使底层、表层、地上层的肥料发挥各自的作用,基本满足烟株各个生长阶段的营养供应。

随着精准农业的兴起,定量施肥已被福建省三明市等一些生产技术先进的烟区采用。在使用烟草专用肥的基础上,根据每公顷烟田肥料用量和种植密度,确定每株烟的肥料用量,然后设计专门的量具,准确施肥,使每株烟的营养条件完全一致,促使大田生长整齐均匀。

第五章 烤烟轮作与连作的比较研究

一、轮作是烤烟栽培技术的一个重要环节

"轮作"是指同一块地上定期更换种植不同的作物。同一块地上连续栽培同种作物则称之为"连作"。习惯认为,连作对

烟叶的产量、质量均有不利影响,因此轮作倒茬是烤烟栽培技术的一个重要环节。

(一) 轮作可避免病虫害发生

烤烟实行轮作倒茬的主要目的是为了防治病虫害,国内外对此持一致意见。轮作的好处是尽可能地不给病原菌的取食和繁殖留下一种适宜的生态环境条件,而使土壤中有害生物的群体得以迅速衰减,达到减少或减轻烤烟生长期间发生病虫害的目的。烤烟的黑胫病、根结线虫病等主要病害的病原菌在土壤中能存活多年,如果连作,病菌就可以有丰富的食料和熟悉的生活环境得以大量繁殖,使侵害烟草的强度和频度大大提高,危害更重。例如河南省襄城的调查表明,黑胫病的发病率,重茬烟田为 $28\% \sim 99\%$,三年两作的烟田为 $10\% \sim 41\%$,四年两作的烟田为 8%,五年两作的烟田为 5%。

(二) 轮作有利于恢复和调节土壤肥力

国内的研究认为,烤烟轮作也有利于调节土壤肥力水平,可做到合理地用地养地,以保持和提高土壤肥力。同一块土地连年种植一种作物会引起土壤养分的片面消耗,比如烤烟对钾肥需要量较多,连作势必使土壤中钾元素的亏缺加剧;如果不用适量钾肥补充以使土壤钾素得到充分恢复,钾素便将不能满足烤烟生长发育的需要。又如长期连作,烤烟对土壤中硼锌锰等微量元素的消耗将按同样的规律重复,导致缺乏或不平衡供应,从而制约其产量和品质。

(三) 轮作应该扬长避短

烟田轮作也并不都是优点,如最大的一个问题是烟株可利用氮的数量难以控制。因为我们无法估算前作残留在土壤中的有效氮量,所以在来年种植烤烟时也就无法正确确定施氮量,将土壤中可利用氮调节到烤烟所需的适宜水平。由于烤烟栽培的特殊性(以叶为最终收获物),它的需肥规律与其他作物有很大差别,一个突出的表现就是烤烟对氮素非常敏感。氮肥不足,产量低,叶薄色淡,烟碱含量低,还原糖含量高,糖/碱比例失调,缺油分,香气差;氮肥用量过头,则叶厚茎粗,不易落黄,成熟推迟,色泽暗灰,青烟多,还原糖与烟碱比例也不协调,青杂味重,吃味差。因此,适宜的氮肥用量是烤烟施肥的关键。在经常种植烤烟的质地较轻的土壤中,除极干旱年份外,极少有可利用氮的残留,从而可较精确地估计和确定氮肥用量。如果在这种土壤上轮作种植施氮量很大的禾谷类作物,或者有固氮能力的豆科作物,则土壤中会积累大量的氮,使之更难估计土壤中的残余有效氮量而使烤烟氮肥用量失控。

二、连作烟田的肥力演变 规律及其施肥对策

潍坊地区地处鲁东丘陵山区,是山东省主要的优质烟基地,土壤以棕壤和淋溶褐土为主。在中国烟草总公司"三化"种植方针的指导下,烟田大都已成方连片种植,显然是有利于规范化种植、集约化经营、科学化管理和良种良法的推广,从而使烟叶产质量得以稳定提高。但随之而来的是导致轮作倒茬难以进行,烟田的长期连作难以避免,而且从目前的土地状况及生产条件来看,烟田连作的局面在相当长的一段时间内将无从改善。因此必须对连作烟田的肥力演变规律及连作障碍因素做系统研究,并制定出因地制宜的烤烟品种更替模式,有机、无机肥相结合的施肥方案及相应的田间管理技术措施,以最大限度地利用连作的优点和避免连作带来的不利因素,夺取烤烟生产持续的优质、高产、高效益。为此,南京土壤研究所

的曹志洪、郝静通过对山东诸城、安丘植烟田间多点采集的不同连作年限的土壤样品进行一系列的分析测定,并收集大量的历史数据,系统地研究了连作烟田的肥力演变规律,并制定了相应的施肥对策。

(一)土壤有机质与微团聚体

1. 土壤有机质　土壤有机质既是植物无机营养和有机营养的源泉,又是土壤中异养型微生物的能源物质,同时也是形成优良土壤结构的胶结物质之一,因此,土壤有机质直接影响着土壤的耐肥性、保墒性、缓冲性、耕性、通气状况和土壤温度等。耕种土壤,不施有机肥,土壤有机质的增加速度较慢。如果只施化肥,不施有机肥,又把只施无机肥所形成的生物产量全部移出土壤,则必然使有机质含量逐年下降,必然引起土壤肥力下降,破坏土壤结构。生产优质烟对土壤有机质含量的要求虽不过高,但维持一定的土壤有机质含量,不使土壤过于贫瘠,还是基本的要求。测定数据表明,虽然安丘褐土、棕壤和诸城棕壤的有机质含量都比较低(0.6%～1.2%),但随着连作年限的延长,均无逐年下降趋势,但也没有提高,这与当地烟农长期施用一定的有机肥有关。

调查数据表明,自1983年以来,诸城市枳沟乡王村烟农每年每公顷烟田上施用的土杂肥为9 000～18 000千克,饼肥为150～225千克;安丘王庄乡保泉官庄村和红沙沟镇簸箕掌村烟农每年每公顷烟田施用的土杂肥为30 000千克。事实证明,施用的有机肥量全部用以维持植烟田土壤有机质数量的平衡了。因此,要想提高山东烟区连作烟田的有机质含量,就必须在改善有机肥结构(多施优质有机肥,尽量避免土杂肥的使用,尤其是未完全腐熟的土杂肥)的前提下,加大有机肥的用量。

2. 土壤微团聚体　土壤微团聚体是土壤结构的基本单元之一。土壤结构是指土壤所含的大小不同、形状不一、有不同孔隙度和机械稳定性的微团聚体的总和。微团聚体是由胶体凝聚、胶结和粘结的土壤原生颗粒组成的,其中以土壤团粒为较理想的土壤结构,常常是鉴定土壤肥力的指标之一。有良好团粒结构的土壤,不仅具有适宜的孔隙度和持水性,而且有良好的透水性,在植物生长期间能很好地调节植物对水、养分、空气和温度的需要,以促进作物获得优质高产。由于各种作物的生长习性不同,根系的空间分布各异,适宜其生长发育的土壤团聚体结构也大相径庭。生产优质烤烟要求保肥保水能力中等,排水通气能力强,结构疏松的土壤。只有大粒级的微团聚体含量高的土壤结构状况才能满足优质烤烟的需要。

人们习惯上认为,烟田连作可能破坏土壤结构,但研究得出的结果却并非如此。表5-1的数据表明,在安丘红沙沟镇簸箕掌村的褐土、王庄乡保泉官庄村的棕壤和诸城枳沟乡王村的棕壤上,烟田连作6年后土壤中大于0.02毫米的微团聚体含量均有不同程度地增加,其中安丘红沙沟镇簸箕掌村褐土由原来的67.5%增加到77.4%,安丘王庄乡保泉官庄村棕壤由78.0%增加到81.1%,诸城枳沟乡王村棕壤由60.1%增加到72.5%;安丘城关镇小官庄村连作褐土烟田土壤的分析数据更翔实地反映出这一规律,烟田连作3,6,9,12年后,土壤中大于0.02毫米的微团聚体含量比不连作的烟田平均提高6.5%。即烟田连作后,土壤结构向着适合优质烤烟生长的方向发展。烤烟具有强大的根系,可以通过根系分泌物固结土体,使小粒径的微团聚体向大粒径转变,进而改善了土壤结构,说明作物本身也具有改造和适应环境的机制,使环境向有利于作物本身生长发育的方向发展。

表 5-1　连作烟田土壤微团聚体演变

地　点	土壤	连作年限	0～20 厘米土层土壤微团聚体分析（%）			
			2～0.2（毫米）	0.2～0.02（毫米）	0.02～0.002（毫米）	＜0.002（毫米）
安丘红沙沟	褐土	0	6.0	61.5	25.1	7.4
镇簸箕掌村		6	5.2	72.2	17.4	5.2
安丘王庄乡	棕壤	0	7.7	71.3	16.6	4.4
保泉官庄村		6	8.0	73.1	15.0	3.9
诸城枳沟乡	棕壤	0	4.5	55.6	29.1	10.8
王村		6	15.8	56.7	20.8	6.7
安丘城关镇	褐土	0	5.9	65.2	23.9	5.0
小官庄村		3	9.7	68.6	17.9	3.8
		6	11.8	65.7	17.1	5.4
		9	8.6	69.4	17.3	4.7
		12	9.4	67.2	18.6	4.8

（二）连作烟田的大量营养元素氮、磷、钾

1. 土壤全氮　土壤中氮素的总贮量及其存在状态是土壤肥力的重要指标，在一定条件下与作物的产量有正相关关系。土壤中氮素的积累，主要有 4 方面来源：动植物残体的分解释放、有机或无机肥料的使用、土壤中微生物的固氮作用和随着降水进入土壤中的氮素。土壤中氮素的形态可分为无机态和有机态两类，其中能被植物直接吸收利用的无机态氮仅占全氮量的 5% 左右，而绝大部分以有机形态存在。氮素是所有营养元素中对烟叶产质量影响最大、最敏感的元素，优质烟田土壤的全氮含量一般不宜太高，便于人为调控氮素供应。

对安丘的褐土、棕壤和诸城的棕壤的测定结果表明,其全氮含量在 0.04%～0.16%之间,且随着连作年限的延长并没有下降的趋势,说明土壤的氮素循环基本保持平衡。长年的连作并没有使土壤全氮衰减的原因是当地烟农年年持续不断地施用大量的有机和无机氮肥。3 个点的烟农每年施用氮量为 67.5～90 千克氮/公顷,这样的用量既能满足烤烟生长需要,又不至于在土壤中有很多残留氮积累。与其他作物不同,烟叶收获后,为防止病虫害,大部分烟根和烟茎应完全从烟田中清除,同时也就避免了根系所吸收的氮素大量残留在土壤中的问题。

2. 土壤速效磷及速效钾　磷是烤烟生长的必需元素,但烤烟对磷的需要量不大,它仅是需钾量的 15%。钾对烤烟尤为重要,它不但是烤烟营养的需要,而且也是品质改善的需要,在三个大量元素中,烤烟对钾的吸收量最大。土壤速效磷及速效钾的含量是烤烟施用磷、钾肥的依据。一般认为,速效磷含量低于 11 毫克/千克,速效钾含量低于 120 毫克/千克,施用磷、钾肥都有明显的肥效。表 5-2 的数据说明,安丘红沙沟镇褐土、安丘王庄乡和诸城枳沟乡棕壤的速效磷含量都不高;除安丘红沙沟镇褐土外,安丘王庄乡和诸城枳沟乡棕壤的速效钾含量也都较低,而且随着连作年限的延长,其增减没有明显的趋势。调查数据表明,这些土壤上长期以来一直施用磷、钾肥且用量逐年增加,但土壤磷、钾的供应状况并未得到改善,这说明连作烤烟对土壤磷和钾的消耗确实是很大的。要想提高土壤速效磷和速效钾的含量,保证优质烟叶的生产,每年必须补充足够的速效磷肥,而钾肥则应施用得更多。

表 5-2 连作烟田速效磷及速效钾演变

地　点	土壤	连作年限	速效磷（毫克/千克）	速效钾（毫克/千克）
安丘红沙沟	褐土	0	8.381	148.00
镇簸箕掌村		3	4.089	110.50
		6	7.144	100.20
		9	7.634	170.20
		12	10.180	132.60
安丘王庄乡	棕壤	0	6.418	66.18
保泉官庄村		3	5.471	74.70
		6	6.313	78.97
		9	8.381	90.07
		12	3.416	73.00
诸城枳沟乡	棕壤	0	9.657	100.20
王村		3	9.145	113.00
		6	10.710	101.90
		9	13.170	108.80
		12	12.060	112.10
安丘城关镇	褐土	0	16.740	84.89
小官庄村		3	61.960	125.30
		6	56.940	114.80
		9	40.200	147.60
		12	41.420	120.80
安丘赵戈镇	棕壤	0	31.360	86.39
沟头村		3	26.380	68.37
		6	29.190	110.30
		9	26.120	87.88
		12	22.410	80.39
诸城朱解乡	棕壤	0	17.310	90.90
刘家村		3	34.640	155.00
		6	43.640	192.05
		9	35.290	174.30
		12	29.910	199.30

（三）连作烟田微量元素硼、锌、锰

土壤缺硼的临界含量为有效硼 0.5 毫克/千克，缺锌的临界含量为有效锌 0.5 毫克/千克，缺锰的临界含量为有效锰 7 毫克/千克。从表 5-3 的数据可以看出，安丘褐土、安丘和诸城的棕壤的速效硼含量很低，在 0.2～0.4 毫克/千克之间，速效锌含量偏低，在 0.30～1.84 毫克/千克之间，而速效锰的含量较丰富。

随着连作年限的延长，3 种微量元素的含量变化没有一定的规律。三地农民长期以来一直不施微肥，但它可以从土杂肥中得到补充。说明在传统的施肥模式下，在烟田连作 12 年的研究范围内对土壤微量元素硼、锌、锰的含量影响甚微。既然潍坊烟区烟田的土壤有效硼和锌含量都比较低，因此在施肥配方中注意适量配用是有益的。

表 5-3　连作烟田土壤微量元素演变

地　点	土壤	连作年限	速效硼 （毫克/千克）	速效锌 （毫克/千克）	速效锰 （毫克/千克）
安丘红沙沟	褐土	0	0.23	0.472	15.66
镇簸箕掌村		3	0.32	0.302	23.56
		6	0.30	0.548	25.10
		9	0.26	0.772	12.36
		12	0.40	0.366	25.04
安丘王庄乡	棕壤	0	0.40	0.526	16.28
保泉官庄村		3	0.40	0.468	22.90
		6	0.26	0.600	14.54
		9	0.24	0.638	20.84
		12	0.30	0.684	17.08

地 点	土壤	连作年限	速效硼 (毫克/千克)	速效锌 (毫克/千克)	速效锰 (毫克/千克)
诸城枳沟乡 王村	棕壤	0	0.24	0.582	25.06
		3	0.20	0.370	25.12
		6	0.26	0.654	24.34
		9	0.24	0.764	24.54
		12	0.22	0.524	24.30
安丘城关镇 小官庄村	褐土	0	0.26	1.26	19.2
		3	0.20	0.99	29.5
		6	0.37	1.14	21.5
		9	0.23	1.07	15.9
		12	0.28	0.99	24.1
安丘赵戈镇 沟头村	棕壤	0	0.28	1.10	16.7
		3	0.23	0.83	37.0
		6	0.37	1.04	18.4
		9	0.26	1.24	18.8
		12	0.28	1.38	17.2
诸城朱解乡 刘家村	棕壤	0	0.37	1.08	54.4
		3	0.17	1.71	29.3
		6	0.28	1.33	27.3
		9	0.28	1.84	22.1
		12	0.28	1.75	24.0

（四）土壤氯离子、硫酸根离子和硝酸根离子

烟草属于忌氯作物，优质烟生产基地的土壤含氯量不能超过 30 毫克/千克。长期以来，都提倡以硫酸钾作为烟草钾肥的给源。虽然避免了氯的问题，可是近来的研究表明，土壤中硫酸根过高，使根际土壤的 pH 值下降，导致养分离子失去平衡，加之过低的根际 pH 值也限制了根系的发育。同时过量吸收硫酸根对烟叶质量也有害，或使燃烧性变差，或使抽吸时有恶臭，所以硫酸钾也不能任意施用。

研究表明,随着烤烟连作年限的延长,土壤中氯离子、硫酸根离子、硝酸根离子含量都有些变化,有的年份稍有上升,有的年份又有下降,但都保持在适宜范围内,而且无规律性增减趋势,说明烟田连作不是导致这3种阴离子变化的原因,而主要是与施肥、降水、大气等其他环境因素直接有关。它们在土壤中都以离子形态存在,不被土壤吸附,在土壤中移动性很大,极易淋失。再者,土壤是个开放的系统,大气、降雨等是它们的直接给源。

(五)连作烟田的施肥对策

如前所述,在传统的施肥模式下,烟田连作不会导致土壤有机质下降,但也没有提高。为了做到合理的用地养地,提高山东烟区连作烟田的有机质含量,保证优质烟的生产,就必须在改善有机肥结构的前提下,加大有机肥的用量,多施优质有机肥,尽量避免土杂肥的施用,尤其是未完全腐熟的土杂肥的施用。优质有机肥,如饼肥、麸皮及用微生物制剂发酵的秸秆等的用量应占到整个氮肥用量的50%～75%。同时,烟田连作使土壤速效磷和速效钾的消耗较大。土壤有效锌和有效硼尽管没有由于连作而减少,但本区烟地中本来含量就严重不足。因此,为了使连作烟田的土壤肥力状况能真正满足优质烤烟的生产,必须将传统的施肥模式加以调整,肥料结构中要加大磷、钾肥的比重,保证氮:五氧化二磷:氧化钾在1:2:2.5～3的范围内。另外,专用肥配方中要增加硼肥和锌肥(每公顷22.5千克硼砂,22.5千克硫酸锌),以补充土壤供应的不足。

第六章　优质适产烤烟施肥实例简介

山东省是全国烤烟重点产区之一。历史上以"青州烟"为代表的山东烤烟，因质量较优曾在国内外享有盛誉。但从20世纪70年代起，由于采用重产轻质的栽培烘烤技术，烤烟的质量下降，影响了经济效益的增长。从1984年开始，山东省烟草公司和中国农业科学院烟草研究所针对烤烟生产技术上存在的问题，因地制宜地应用了国内外的科研成果和先进经验，进行了大面积的烤烟优质栽培技术开发试验，取得了良好的效果，达到了提高烟叶质量和经济效益的目的（表6-1，表6-2）。

改进施肥方法，合理施肥是烟草开发的一项重要的生产技术。只有施肥合理，才能保证烟叶质量。开发试验改变了过去盲目施肥的习惯，采用测土施肥。首先在试验区内，选择土壤类型相同的有代表性的地块，取土测定有效养分的状况。然后根据土壤速效氮含量，结合烟农的施肥经验和前茬作物的情况，制定了合理的施肥方案。一般低肥力（速效氮低于40毫克/千克）烟田，每公顷施纯氮52.5～67.5千克；中等肥力（速效氮40～60毫克/千克）烟田，施纯氮33.75～52.5千克；高肥力（速效氮高于60毫克/千克）烟田，施纯氮22.5～37.5千克。氮、磷、钾比为1：1～1.5：2～3。几年来，大面积调查（表6-3）表明，按照设计方案施肥，烟株长势良好，基本上没有脱肥或氮肥过量的现象，烟叶产量、品质都能达到预期的需要。

表 6-1　开发试验烟叶产量、品质结果

项目	年份	实收面积(公顷)	总收购量(吨)	公顷产量(千克)	等级比例(%)					黄烟率(%)	均价(元/千克)	公顷产值(元)
					上等烟	中等烟	上中等烟	下等烟	低等烟			
开发试验	1985	3021.8	7982.03	2641.50	7.30	78.10	85.40	8.80	5.80	98.80	2.214	5848.40
	1986	3438.0	7081.69	2058.30	18.40	63.60	81.70	11.20	7.10	99.60	2.192	4515.20
	1987②	3567.9	9000.38	2522.70	43.68	45.35	89.03	6.58	4.39	99.61	3.066	7734.30
	合计	10027.7	24064.10									
	平均①			2400.00	24.17	61.50	85.67	8.68	5.65	99.34	2.926	6062.40
基期对照③	1981~1983 平均③	13619.4	24064.1	2634.20	3.49	63.87	67.36	17.16	15.48	88.90	1.590	4188.30
差异	(1)-(3)			-234.20	20.68		18.31			10.44	0.468	1874.10
	(1)-(3)/(3) %			-8.89	592.55		27.18			11.74	58.870	44.75
	(2)-(3)			-111.50	40.19		21.67			10.71	0.738	3546.00
	(2)-(3)/(3) %			-4.23	1151.58		32.17			12.05	92.830	84.66

表 6-2　开发试验田烟叶化学成分含量

年　份	烟碱(%)	总糖(%)	还原糖(%)	总氮(%)	蛋白质(%)	钾氯比	总糖/烟碱
1985	1.29	24.64	19.88	1.33	7.15	5.33	19.10
1986	1.93	23.68	19.21	1.64	8.16	2.14	12.27
1987	1.90	21.71	17.27	1.49	7.29	2.86	11.43
平均	1.71	23.34	18.79	1.49	7.53	3.44	13.65
基期对照 *	0.73	26.95	22.95	1.17	6.53		36.92

* 引自山东省烤烟种植区划研究报告 1982～1983 年分析资料

表 6-3　诸城、安丘开发试验田施肥量调查

土壤有效氮(毫克/千克)	调查户数	面积(公顷)	施纯氮(千克)	肥料三要素比例	公顷产量(千克)	均价(元/千克)	公顷产值(元)	上等烟(%)	中等烟(%)
30～40	15	2.8	3.50	1∶1.1∶3.4	2503.5	2.168	5415	5.9	83.9
41～50	26	5.0	3.20	1∶1∶2.9	2513.3	2.190	5490	6.2	85.0
51～60	24	4.8	2.45	1∶0.9∶2.8	2492.3	2.242	5580	9.3	78.8
61～72	5	1.2	2.30	1∶0.9∶2.4	2520.0	2.116	5325	5.0	83.0

　　诸城市 1986 年烤烟氮肥用量试验(表 6-4)表明,在高肥力水平下,以每公顷施纯氮 37.5 千克的烟叶均价、产值、上等烟和中等烟比例最高;施纯氮 22.5 千克的居中;施纯氮 52.5 千克的烟叶均价、上等烟和中等烟比例均最低(单产最高),并且下低等烟和青烟率最高。施纯氮 52.5 千克的比 37.5 千克的上等烟比例降低了 40.52%,下低等烟比例则共增加了 112.64%。施纯氮 52.5 千克,用量偏大,烟叶落黄困难,烤后烟叶质量最差。可见,在高肥力水平下,以每公顷施纯氮 22.5～37.5 千克为宜。

诸城、沂源两县(市)的氮肥用量试验表明(表 6-4),在中等肥力水平下,以每公顷施纯氮 52.5 千克的产值、上等烟比例最高。

表 6-4   烤烟氮肥用量试验的产量、品质结果

纯氮用量 (千克/ 公顷)	公顷 产量 (千克)	均价 (元/ 千克)	公顷 产值 (元)	等级比例(%)				青烟 率 (%)	备　注
				上等烟	中等烟	下等烟	低等烟		
22.5	2024.1	2.044	4137.0	6.86	72.68	12.77	7.69		诸城市 1986 年试验,
37.5	2177.6	2.164	4712.1	9.23	76.22	10.16	4.40		土壤有效氮 61.8 毫克/
52.5(ck)	2298.6	1.802	4141.8	5.94	63.55	19.42	11.54	3.67	千克,每公顷栽 22200
									株,每株留叶 20 片。品
									种为 G-140
37.5	2285.3	2.246	5132.7	17.55	57.59	16.60	7.90		中等肥力水平,诸城、
52.5	2449.5	1.180	5339.9	18.50	49.93	19.07	12.50		沂源的平均值
67.5(ck)	2567.3	1.620	4158.9	3.35	52.00	27.60	17.50		

山东省烤烟生产自推行"三化"措施以来,质量有了很大提高,在国内外享有一定的盛誉。但是近几年,山东烤烟又出现上部烟叶"颜色偏深,油分不足,上部叶片厚,烟碱含量高,香气不足"等问题,不能满足卷烟工业的需求。为此,省烟草公司和中国农业科学院烟草研究所通过改进施肥技术等综合措施,在沂水、沂南、莒县、莒南、安丘、诸城 6 县市进行了大面积示范、推广,使烟叶品质有了很大提高。1993～1995 年开发试验累计开发面积 8 万公顷,总产烟叶 15.4 万吨,平均每公顷产烟叶 1 917 千克,比开发前增长 2.12%。上等烟比例、均价、产值都有显著提高(表 6-5)。烟叶外观质量,由上海等卷烟厂检验认为,叶片颜色橘黄,厚薄适中,油分较足。上部叶片

颜色偏深和过厚的问题基本解决,达到上海等卷烟厂对优质烟叶的质量要求。烟叶内在化学成分都比较协调,糖碱比为8.2～12.6：1,比较适宜。烟叶卷烟评吸认为,香气尚足,杂气较轻,刺激性降低,劲头适中,余味较好。沂水、安丘的烟叶已成为上海卷烟配方的优质原料,在主要品牌中占有一定的比例。

表 6-5　山东省 6 县(市)开发区烟叶产量、品质结果

年　份	实收面积 (万公顷)	总收购量 (万吨)	公顷产量 (千克)	烟叶等级比例(%)			均价(元/千克)	公顷产值(元)
				上等烟	中等烟	上中等烟合计		
1993	3.1	5.72	1818.0	43.7	35.6	79.3	3.68	7017.5
1994	2.4	4.47	1862.3	49.1	32.1	81.2	3.56	6629.6
1995	2.5	5.21	2095.5	54.4	29.5	83.9	4.90	10268.0
1993～1995 3 年平均①	合计 8	合计 15.4	1917.0	48.9	32.5	81.4	4.14	7936.4
开发前 1992 年②	3.6	6.795	1877.3	31.9	44.2	76.1	2.98	5594.3
①－②				39.7	17.0	−11.7	5.3	1.16	2342.1
①－② ② %				2.12	53.3	−26.5	26.8	38.9	41.87

注:1995 年烤烟收购价上调 25%,除去上调因素按可比价计算,则 1995 年均价为 3.92 元/千克,每公顷产值为 8 214.3 元。因而 1993～1995 年 3 年平均均价为 3.72 元/千克。比开发前提高 0.74 元/千克,提高 24.8%;3 年平均每公顷产值为 7 131.3 元,比开发前提高 102.47 元,提高 27.5%

施肥技术的改进有如下几点:①调整肥料种类,增施豆饼。采用上海 1 号与 2 号复肥和每公顷 450 千克豆饼配合使用,使硝态氮占氮肥量的 50%。从 NC 82、NC 89、K 326 等 3 个品种的肥料试验中看出,在施用总氮量均为 90 千克/公顷

时,施用上海1号和2号复肥的烟叶产量和产值为最高,莒南产复肥居中,上海长征烟草专用肥(对照)排第三。上海1号和2号复肥比对照增产15%,产值提高18%,说明它对提高烟叶质量和产值的效果较明显,应施用上海1号和2号复肥。在施用总氮量为90千克/公顷时,调整豆饼用量,每公顷施豆饼250千克(对照),300千克,450千克的不同处理中,以施450千克豆饼的处理烟叶质量提高得较明显,比对照均价提高8%,上等烟比例提高5个百分点。②推广双层施肥技术。上下两层分别施用不同肥料,下层为上海1号复肥(氮:五氧化二磷:氧化钾=5:8:21)787.5千克/公顷,深20厘米以上;上层为上海2号复肥(氮:五氧化二磷:氧化钾=15:2:7)337.5千克/公顷。两层相距10~13厘米。1993年进行大面积试验示范,试验看出,双层施肥后烟株的株高、有效叶数和最大叶长宽等农艺性状均优于对照,干旱年份差异达显著水平。双层施肥的根系发达,须根多,数量大,且有上下两层根系。对照田烟株以主根为主,须根少,干重较轻。双层施肥的产量比对照提高11%,产值提高13%。双层施肥的烟叶化学成分也较协调,总糖含量比对照有所提高。

参考文献

1 山东省农业科学院,中国农业科学院烟草研究所．山东烟草．中国农业出版社,1999

2 曹志洪．优质烤烟生产的土壤与施肥．江苏科学技术出版社,1991

3 张永耀．优质烤烟生产技术．山东大学出版社,1998

4 陈廷贵．植烟土壤与施肥技术．河南科学技术出版社,1993

5 烟草种植编写组．烟草栽培与分级．中国财政经济出版社,1992

6 山东省土壤肥料工作站．山东有机肥料．南海出版公司,1995

7 李智勇等．土壤速效钾含量与烤烟钾肥施用效应的研究．中国烟草,1996,(1)

8 杨宇虹等．钙对烤烟产质量及其主要植物学性状的影响．云南农业大学学报,1999,(2,14)

9 奚振邦．烤烟双层施肥技术．中国烟草,1992,(1)

10 王承训等．微肥对提高烤烟品质与经济效益研究．中国烟草,1991,(4)

11 刘洪祥等．烤烟品种和肥料运筹配套试验分析．中国烟草,1995,(1)

12 崔国明等．镁对烤烟生理生化及品质和产量的影响研究．中国烟草科学,1998,(1)

13 丁善容．铜在烟草生产中的作用．云南农业大学学报，1997，(3,12)

14 张永耀．津巴布韦烤烟生产新技术．上海科学技术出版社，1992

15 訾天镇等译．烟草——栽培加工与科学．上海交通大学出版社，1990

16 Tobacco information，1993

17 S. N. Hawks，Jr. W. K. couins. Principles of flue-cured tobacco production，1983

18 郝静．连作烟田的肥力演变状况及微量元素硼锌锰对烤烟产质量的影响．中国科学院硕士研究生学位论文，1994。

金盾版图书，科学实用，
通俗易懂，物美价廉，欢迎选购

化肥科学使用指南(修订版)	18.00 元	赤眼蜂繁殖及田间应用技术	4.50 元
科学施肥(第二次修订版)	7.00 元	科学种稻新技术	8.00 元
简明施肥技术手册	11.00 元	提高水稻生产效益 100 问	5.00 元
实用施肥技术	5.00 元	杂交稻高产高效益栽培	6.00 元
肥料施用 100 问	3.50 元	双季杂交稻高产栽培技术	3.00 元
施肥养地与农业生产 100 题	5.00 元	水稻农艺工培训教材	9.00 元
酵素菌肥料及饲料生产与使用技术问答	5.00 元	水稻栽培技术	6.00 元
配方施肥与叶面施肥(修订版)	6.00 元	水稻良种引种指导	22.00 元
作物施肥技术与缺素症矫治	6.50 元	水稻杂交制种技术	9.00 元
测土配方与作物配方施肥技术	14.50 元	水稻良种高产高效栽培	13.00 元
亩产吨粮技术(第二版)	3.00 元	水稻旱育宽行增粒栽培技术	4.50 元
农业鼠害防治指南	5.00 元	水稻病虫害防治	7.50 元
鼠害防治实用技术手册	12.00 元	水稻病虫害诊断与防治原色图谱	23.00 元
		香稻优质高产栽培	9.00 元
		黑水稻种植与加工利用	7.00 元

以上图书由全国各地新华书店经销。凡向本社邮购图书或音像制品，可通过邮局汇款，在汇单"附言"栏填写所购书目，邮购图书均可享受 9 折优惠。购书 30 元(按打折后实款计算)以上的免收邮挂费，购书不足 30 元的按邮局资费标准收取 3 元挂号费，邮寄费由我社承担。邮购地址：北京市丰台区晓月中路 29 号，邮政编码：100072，联系人：金友，电话：(010)83210681、83210682、83219215、83219217(传真)。